城镇排水和污水处理
知识问答

CHENGZHEN PAISHUI HE WUSHUI
CHULI ZHISHI WENDA

环境保护部科技标准司
中国环境科学学会 主编

中国环境出版社·北京

图书在版编目（CIP）数据

城镇排水和污水处理知识问答 / 环境保护部科技标准司，中国环境科学学会主编 . -- 北京：中国环境出版社，2017.4
（环保科普丛书）
ISBN 978-7-5111-3139-3

Ⅰ . ①城… Ⅱ . ①环… ②中… Ⅲ . ①城市排水－问题解答②城市污水处理－问题解答 Ⅳ . ① TU992-44 ② X703-44

中国版本图书馆 CIP 数据核字 (2017) 第 072092 号

出 版 人　武德凯
责任编辑　沈　建　董蓓蓓
责任校对　尹　芳
装帧设计　金　喆

出版发行　中国环境出版社
　　　　　（100062 北京市东城区广渠门内大街 16 号）
　　　　　网　　　址：http://www.cesp.com.cn
　　　　　电子邮箱：bjgl@cesp.com.cn
　　　　　联系电话：010-67112765（编辑管理部）
　　　　　发行热线：010-67125803，010-67113405（传真）
印　　刷　北京中科印刷有限公司
经　　销　各地新华书店
版　　次　2018 年 1 月第 1 版
印　　次　2018 年 1 月第 1 次印刷
开　　本　880×1230　1/32
印　　张　4.5
字　　数　100 千字
定　　价　23.00 元

《环保科普丛书》编著委员会

《城镇排水和污水处理知识问答》
编委会

《环保科普丛书》

　　我国正处于工业化中后期和城镇化加速发展的阶段，结构型、复合型、压缩型污染逐渐显现，发展中不平衡、不协调、不可持续的问题依然突出，环境保护面临诸多严峻挑战。环保是发展问题，也是重大的民生问题。喝上干净的水，呼吸上新鲜的空气，吃上放心的食品，在优美宜居的环境中生产生活，已成为人民群众享受社会发展和环境民生的基本要求。由于公众获取环保知识的渠道相对匮乏，加之片面性知识和观点的传播，导致了一些重大环境问题出现时，往往伴随着公众对事实真相的疑惑甚至误解，引起了不必要的社会矛盾。这既反映出公众环保意识的提高，同时也对我国环保科普工作提出了更高要求。

　　当前，是我国深入贯彻落实科学发展观、全面建成小康社会、加快经济发展方式转变、解决突出资源环境问题的重要战略机遇期。大力加强环保科普工作，提升公众科学素质，营造有利于环境保护的人文环境，增强公众获取和运用环境科技知识的能力，把保护环境的意识转化为自觉行动，是环境保护优化经济发展的必然要求，对于推进生态文明建设，积极探索环保新道路，实现环境保护目标具有重要意义。

国务院《全民科学素质行动计划纲要》明确提出要大力提升公众的科学素质，为保障和改善民生、促进经济长期平稳快速发展和社会和谐提供重要基础支撑，其中在实施科普资源开发与共享工程方面，要求我们要繁荣科普创作，推出更多思想性、群众性、艺术性、观赏性相统一，人民群众喜闻乐见的优秀科普作品。

环境保护部科技标准司组织编撰的《环保科普丛书》正是基于这样的时机和需求推出的。丛书覆盖了同人民群众生活与健康息息相关的水、气、声、固废、辐射等环境保护重点领域，以通俗易懂的语言，配以大量故事化、生活化的插图，使整套丛书集科学性、通俗性、趣味性、艺术性于一体，准确生动、深入浅出地向公众传播环保科普知识，可提高公众的环保意识和科学素质水平，激发公众参与环境保护的热情。

我们一直强调科技工作包括创新科学技术和普及科学技术这两个相辅相成的重要方面，科技成果只有为全社会所掌握、所应用，才能发挥出推动社会发展进步的最大力量和最大效用。我们一直呼吁广大科技工作者大力普及科学技术知识，积极为提高全民科学素质作出贡献。现在，我们欣喜地看到，广大科技工作者正积极投身到环保科普创作工作中来，以严谨的精神和积极的态度开展科普创作，打造精品环保科普系列图书。衷心希望我国的环保科普创作不断取得更大成绩。

丛书编委会

二〇一二年七月

前言

水，是人类生存和万物生长的源泉。人口的增长、消费的提高以及经济的增长都需要更多水资源的支撑。消耗的水如果没有经过科学地收集、处理和利用，肆意无序地排放，就会污染水体，恶化水生态环境，危害人们的身心健康，制约经济社会的发展。污水处理与再生利用是人们为治理水污染、保护水环境、开发水资源而研究发展的一门科学技术，对经济社会的发展发挥着重要的保障作用。

城镇是社会中人口最密集、经济最发达的区域，也是水资源消耗量、水污染物排放量最集中的区域。从我国几十年的污染治理实践来看，城镇污水处理与再生利用不仅是城镇经济社会发展的重要基础保障，也是国家控制水污染、修复水生态、保护水环境、开发水资源工作中的重要一环。随着我国现代化建设的持续发展以及城镇化的不断推进，城镇污水处理与再生利用将在国家的水污染治理、水环境保护、水资源保障工作中发挥更加重要的作用。

现代化的城镇污水处理与再生利用工作在我国起步较晚，随着改革开放与经济的快速发展，水污染控制、水环境保护工作是我国经济社会发展中面临的新挑战。近三十年来，我国不断完善相关的法律法规，强化相关的各种政策支撑，持续地加大资本投入，建设了一大批污水处理与再生利用设施。截至 2015 年年底，全国城镇污水处理设施能力达到 2.17 亿 m^3/d，设市城市污水处理率达到 92%。

经过几十年的努力，我国污水处理与再生利用的能

V

力建设总量已经位居世界前列，水污染治理也取得了一定的进展，水环境质量总体有所改观。但是这些进步与我国经济社会快速发展的需求相比仍然存在着很大的差距，一些水体污染及其引发的饮水安全事故时有发生，一些地方的水环境保护与地区经济社会发展的矛盾还很突出，水污染问题仍然严重，一些城镇部分黑臭水体的治理工作和河湖的生态修复还任重道远。

因此，我们要全面推进生态文明建设，继续加强污水处理与再生利用工作，进一步搞好工业污染源控制、村镇污水处理、面源污染治理等方面的工作，加强水环境保护教育、普及水污染治理知识、动员全社会关注污水处理与再生利用事业，支持水污染治理工作，共同行动，持之以恒，共筑我们的美好家园。

本书力求用通俗的语言介绍一些水污染治理、水环境保护相关的污水处理与再生利用知识，希望读者通过了解这些知识，建立可持续发展的理念，自觉地节约水资源、不随意向水体丢弃杂物、不损坏公共排水设施、爱护水体清洁卫生，科学地正视当前的水环境问题，积极关注和支持治理水污染、保护水环境的工作，大家一起努力，为子孙后代留下一片美丽清洁的碧水、青山和蓝天。

在本书的编写过程中，国家环保科普基地——北京排水科普馆等单位委派专家参与了本书的编写工作，同时得到了施汉昌、王洪臣、李军、杭世珺、宋乾武等专家的大力支持和帮助，在此一并表示感谢。

编　者

二〇一七年一月

VI

第一部分　基础知识　**1**

目录

VII

第二部分 城镇排水与
污水处理系统　　　**31**

第三部分 城镇排水管网　　　**41**

第五部分　污泥处理与处置　77

第六部分 法规与标准 **87**

第七部分　公众参与　105

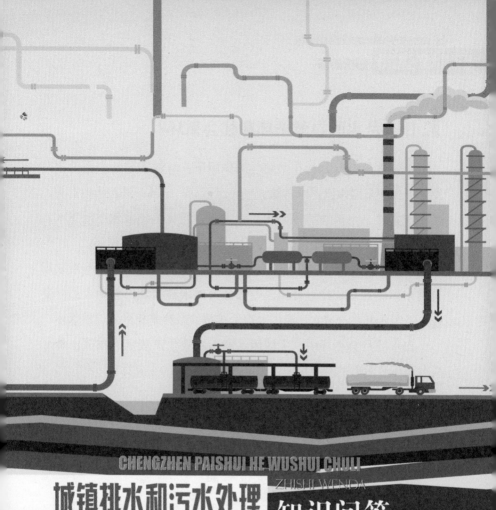

城镇排水和污水处理 知识问答 ·

第一部分
基础知识

1. 什么是水的自然循环和社会循环?

水的自然循环是指在太阳能的作用下，海洋和陆地表面的水蒸发到大气中形成水汽，水汽随大气环流运动，一部分进入陆地上空，在一定条件下形成雨雪等降水；大气降水转化为地表水、地下水、土壤水，最终经河流又回到海洋，由此形成淡水的动态循环。

水的社会循环是指人类为了满足生活和生产的需求，不断取用天然水体中的水，经过使用，一部分天然水被消耗，但绝大部分变成生活污水和生产废水，经过处理、排放，最终重新进入天然水体。

在水的社会循环中，生活污水和工农业生产废水的排放，是形成自然界水污染的主要根源，也是水污染防治的主要对象。

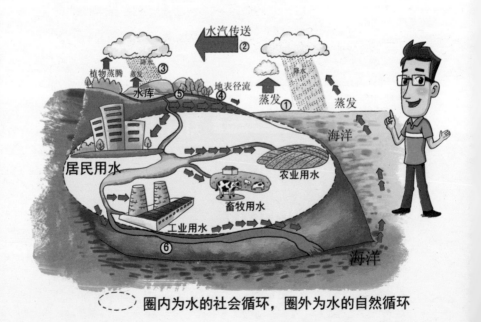

圈内为水的社会循环，圈外为水的自然循环

2. 我国地表水质量是如何分类的?

依据我国现行《地表水环境质量标准》（GB 3838—2002）中地表水水域环境功能和保护目标，地表水按功能高低依次划分为五类：

Ⅰ类主要适用于源头水、国家自然保护区；

Ⅱ类主要适用于集中式生活饮用水地表水源地一级保护区、珍稀水生生物栖息地、鱼虾类产场、仔稚幼鱼的索饵场等；

Ⅲ类主要适用于集中式生活饮用水地表水源地二级保护区、鱼虾类越冬场、洄游通道、水产养殖区等渔业水域及游泳区；

Ⅳ类主要适用于一般工业用水区及人体非直接接触的娱乐用水区；

Ⅴ类主要适用于农业用水区及一般景观要求水域。

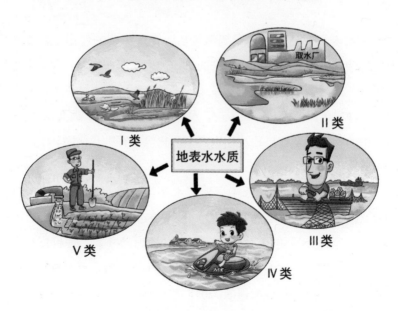

3. 河水为什么会变黑、变臭？

河水变黑变臭是水体受到污染后，在厌氧菌的作用下，水质腐败所导致。自然界水体存在一定的自净能力，即在物理、化学和生物作用下，受污染水体逐渐自然净化，水质复原。当水体受到污染、超过其自净能力时，引起厌氧反应，水体呈灰色或黑色，进而水体变臭。水体中的硫、氮及有机物被还原产生硫化氢、有机硫化物和氨气等臭味物质。

黑臭水体水质通常低于《地表水环境质量标准》（GB 3838—2002）V类水质标准，溶解氧（DO）小于 2.0 mg/L，具体可根据透明度、溶解氧、氧化还原电位（ORP）和氨氮（NH_3-N）4 个评价指标对其进行分级。黑臭水体不仅给群众带来极差感官体验，也是直接影响群众生产生活的突出水环境问题，2015 年出台的《水污染防治行动计划》提出"到 2020 年，地级及以上城市建成区黑臭水体均控制在 10% 以内，到 2030 年，城市建成区黑臭水体总体得到消除"的控制目标。

4. 湖泊为什么会变绿？

　　湖泊变绿是水体富营养化造成的。富营养化是指在人类活动的影响下，生物所需的氮、磷等营养物质随着水流大量进入湖泊、河口、海湾等缓流水体，引起藻类及其他生物大量繁殖，水体溶解氧量下降，水质恶化，导致鱼类等生物大量死亡。水体表面大量生长的蓝藻、绿藻等藻类生物，往往形成一层"蓝色或绿色浮渣"，水面呈现绿色。

5. 地下水也会被污染吗？

　　地下水也会被污染。地下水污染，主要指人类活动引起地下水化学、物理和生物学特性发生改变而使质量下降的现象。地表以下地层复杂，地下水流动极其缓慢，因此，地下水污染具有不易发现和难以治理的特点。地下水一旦受到污染，即使彻底消除其污染源，也需要较长时间才能使水质复原。

地下水污染的原因主要有：工业废水、生活污水、人畜粪便及残余农药、化肥随水渗入地下，受污染的地表水浸入地下含水层，致使地下水中有害成分如酚、铬、汞、类金属砷、放射性物质、细菌等含量增高，对人体健康和工农业生产等危害严重。

工业废水

生活污水

地下水污染的原因主要有

化肥

人畜粪便及残余农药

6. 水污染的无机污染物主要有哪些？

无机污染物是指对水体造成污染的无机酸、无机碱、无机盐和氮、磷、重金属离子及其化合物等。

水体中无机酸、无机碱等物质浸入水体后会改变受纳水体的 pH，从而抑制或杀灭微生物及其他水生生物，削弱水体的自净能力，破坏生态平衡。

无机盐的增多，导致水中硬度和离子增加，影响工农业和生活用水的水质。

水体中氮、磷无机营养物增多时，藻类及水生植物会大量繁殖，导致湖泊、水库、港湾、内海等缓流水体或水域的富营养化。

无机化学毒物包括金属和非金属两类。金属毒物主要为汞、铬、镉、铅、镍等，如汞进入人体后被转化为甲基汞，在脑组织内积累，破坏神经系统，严重时造成死亡；非金属毒物主要为砷、硒、氰化物、氟化物、亚硝酸盐等，如砷中毒时能引起中枢神经紊乱，诱发多种癌症，而氰化物多有剧毒。

7. 水污染的有机污染物主要有哪些?

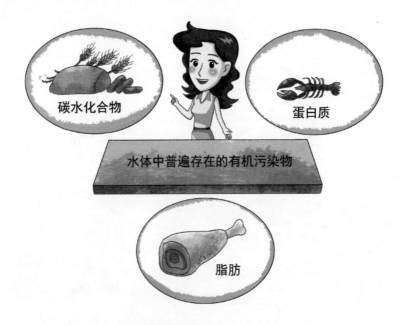

水体中普遍存在的有机污染物有碳水化合物、蛋白质、脂肪等,可分为易降解和难降解两类。

易降解有机污染物如有机酸、糖类、丙三醇等,可在微生物作用下分解。在分解过程中需要消耗水中溶解氧,当溶解氧不足时形成厌氧状态,在厌氧菌的作用下,便产生硫化氢、甲烷、甲硫醇等难闻气体,使水体变黑变臭。

难降解有机污染物如有机氯农药、多氯联苯、多环芳烃等,在水体中相对稳定,难以被微生物降解,部分有致畸、致癌、致突变作用,且有生物蓄积性。

8. 水污染的卫生学指标主要是什么?

水污染的卫生学指标主要是粪大肠菌群,用来衡量水体受粪便污染的程度。粪大肠菌群生长于人和温血动物肠道中,随粪便排出体外。当水体受到粪大肠菌群污染时,可能会引起流行疾病的发生。

粪大肠菌群

粪大肠菌群

粪大肠菌群

河流

9. 水体中的重金属污染物主要有哪些?

通常将相对密度大于 5 的金属称作重金属。水体中的重金属污染物主要有汞、镉、铬、铅、镍以及类金属砷等及其化合物。含重金属的污水排入河流、湖泊或海洋中,不能被生物降解,在食物链中逐渐富集。通过食物链进入人体,并在人体的器官中累积,造成慢性中毒甚至死亡。

10. 什么是"水体热污染"？其影响和危害有哪些？

生产、生活中产生的大量废热排入江、河、湖、海，使水体水温上升，导致浮游生物异常繁殖，促使水体缺氧，影响鱼类等水生生物正常生长，这种向水体排出的废热造成的污染称为"水体热污染"。

"水体热污染"对水生植物的直接影响和危害：会减少藻类种群的多样性，随着水温的升高，不耐高温的种类将迅速消失。

"水体热污染"对水生动物的直接影响和危害：水生动物绝大部分是变温动物，随水温的升高，体温也会随之升高。当体温超过一定温度时，会使水生动物的酶系统失去活性，代谢机能失调，直至死亡。

"水体热污染"对水生生物的间接影响和危害：水温升高会使水体中的某些污染物毒性增加，如水温上升10℃时，氰化钾对鱼类的毒性将增加一倍。水温升高还会加速微生物对有机物的分解，从而消耗溶解氧。如水温升高10℃，水生生物呼吸耗氧量通常增加一倍，水体溶解氧减少，危害水生生物的正常生长。

"水体热污染"对水生生物的间接影响和危害

水温升高会使水体中的某些污染物毒性增加，如水温上升10℃时，氰化钾对鱼类的毒性将增加一倍。

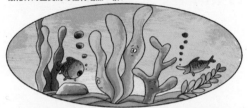

水温升高还会加速微生物对有机物的分解，从而消耗溶解氧。如水温升高10℃，水生生物呼吸耗氧量通常增加一倍，水体溶解氧减少，危害水生生物的正常生长。

11. 什么是水体的放射性污染？

放射性物质

放射性污染

　　水体的放射性污染是指放射性物质进入水体导致水体的放射性水平超过本底值或国家规定的标准限值，对人、动物、植物以及其他生物造成危害。未经合格处理而排放的含有放射性物质的污（废）水，会造成水体的放射性污染，并对人体造成伤害。

12. 水体污染的主要来源有哪些？

　　水体污染可分为点源污染和面源污染。

　　点源污染是指溶解态和固态污染物在固定的排污口排放造成的污染，主要是指生活污水、医疗及工业废水和溢流污水的集中排放等造成的污染。

　　面源污染是指溶解态、固态和气态污染物从非特定地点随降水或融雪汇入水体造成的污染。如农业生产施用的化肥、农药经雨水冲刷流入水体而造成的污染；汽车尾气排放出的重金属等物质和工业生产排放的烟尘，随降雨或融雪从路面或地面流入水体而造成的污染；未经收集处理的农村生活污水、生活垃圾、分散畜禽养殖等产生的粪便等随降雨进入水体而造成的污染。

13. 城镇污水的来源有哪些？

城镇污水通常由生活污水、医院废水、工业废水和被截留的雨水等组成，是一种混合污水。

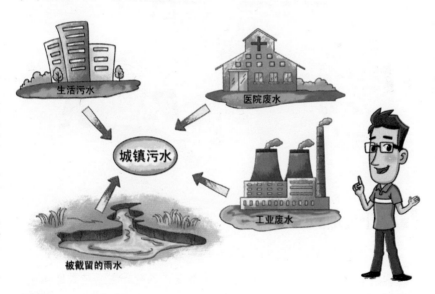

14. 什么是生活污水？

生活污水是人类生活过程中产生的污水，主要来自家庭、机关、商业和城镇公用设施，其中粪便和洗涤污水等是城镇生活污水的主要组成部分。生活污水中含有大量的有机物，如纤维素、淀粉、糖类、脂肪、蛋白质，以及氮、磷等，也常含有相当数量的病原微生物，如病菌、病毒、寄生虫等。

生活污水是人类生活过程中产生的污水，主要来自家庭、机关、商业和城镇公用设施，其中粪便和洗涤污水等是城镇生活污水的主要组成部分。

15. 什么是医院废水？

医院废水主要是医院的门诊、化验室、病房、手术室、各类检查室、病理解剖室、放射室、洗衣房、太平间等处的诊疗、生活及粪便污水。医院废水所含污染物种类复杂，除有大量病原微生物和寄生虫卵外，还有有机污染物，甚至含有放射性物质，未经处理随意排放，不仅会对水体造成严重污染，甚至引发传染性疾病的流行。1991年秘鲁的霍乱大流行和1998年我国某城市的肝炎流行都是由于水体被病原微生物污染而引发的。

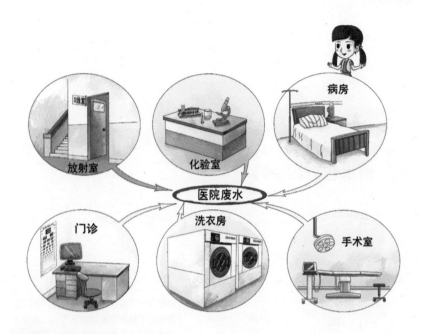

16. 什么是工业废水？

工业废水指工业生产过程中排出的废水，其中含有随水流失的工业生产用料、中间产物、副产品以及生产过程中产生的污染物，种类繁多、成分复杂。

工业废水指工业生产过程中排出的废水，其中含有随水流失的工业生产用料、中间产物、副产品以及生产过程中产生的污染物，种类繁多、成分复杂。工业废水未经处理直接排入水体，会污染地表水，甚至污染地下水。

17. 雨水也有污染吗？

病原体
油脂
重金属
有机物
悬浮固体

> 初期雨水污染物含量相对较高，有时甚至超过了集中收集的城镇污水，未经处理直接排入水体会对水体造成污染。

通常大雨后河水会变脏，是由于初期雨水裹挟溶解了空气中的大量飘尘及工业废气、汽车尾气污染物等，以及冲刷夹带了房屋、道路、建筑工地、废物堆弃地的污染物，使初期雨水中含有有机物、病原体、重金属、油脂、悬浮固体等污染物质。初期雨水污染物含量相对较高，有时甚至超过了集中收集的城镇污水，未经处理直接排入水体会对水体造成污染。

18. 什么是溶解氧？

溶解氧是指溶解于水中的分子杰氧，通常记作 DO，用每升·水中氧气的毫克数表示。溶解氧通常有两个来源：一个是大气中的氧气，当水中溶解氧未饱和时，大气中的氧气可向水体渗入；另一个是水中植物通过光合作用释放出的氧。

溶解氧是衡量水体自净能力的一个重要指标。当水体受到有机物污染、耗氧严重、溶解氧得不到及时补充时，水体中的厌氧菌就会很快繁殖，有机物因腐败而使水体变黑、发臭。当水体的溶解氧值降到 5 mg/L 时，一些鱼类就会出现呼吸困难。

19. 什么是COD（化学需氧量）和BOD（生化需氧量）？

COD 是化学需氧量的简称。利用化学氧化剂（如高锰酸钾、重铬酸钾）将水中可氧化物质（如有机物、亚硝酸盐、亚铁盐、硫化物等）氧化分解，然后计算出的氧消耗当量，即为 COD。这是表示水体中污染物含量的重要指标，其单位是毫克/升。COD 值越高，说明水体污染越严重。其中高锰酸钾只能部分氧化有机物，不能全面反映水体中总有机物含量。重铬酸钾法的化学需氧量，记为 COD_{Cr}；高锰酸钾法测得的化学需氧量，记为 COD_{Mn}，又称为高锰酸钾指数。重铬酸钾法氧化率高、再现性好、准确可靠，是国际社会普遍公认的经典标准方法。我国水环境标准中，仅将酸性重铬酸钾法测得的值称为化学需氧量。国际标准化组织（ISO）建议高锰酸钾法仅限于测定地表水、饮用水和生活污水，不适用于工业废水。

BOD（生化需氧量，也称为五日生化需氧量，记作 BOD_5）是指在 20℃下水体中有机物被好氧微生物分解成无机物所需的氧量，一般测量时间为 5 天，也是衡量水体中有机物含量的重要指标，通常在污水处理行业中使用。

同一污染水体的 COD 值与 BOD 值有一定的相关性，通常 COD 值高于 BOD 值，BOD/COD 的比值越大，说明污水的可生化性越好，易于采用生物处理技术对污水进行处理。由于 COD 的分析测定较 BOD 快捷简单，因此 COD 指标得到了更广泛的应用。

据有关部门统计，我国城镇人均 COD 产生量为 59g/（人•d）。

20. 什么是总氮（TN）和总磷（TP）？

总氮是指水体中的氨氮、硝酸盐、亚硝酸盐、有机氮等化合物中氮的总和；总磷是指磷酸盐、有机磷等化合物中磷的总和。

污水中的总氮和总磷主要来自生活污水、工业废水和农业及园林绿化化肥施用后的排出水。氮和磷是生物生长不可或缺的营养元素，但水体含有过量的氮和磷，就会造成水体的富营养化。近年来见诸报端的赤潮和水华现象，就是海洋与湖泊中氮、磷等营养物质含量过高造成的水体富营养化。氮和磷是水污染治理中的重要控制指标。

氮和磷是水污染治理中的重要控制指标。

农业化肥施用后的排出水

工业废水

污水中的总氮和总磷

生活污水

21. 什么是氨氮?

水污染指标中的氨氮,是指污水中以游离氨(NH₃)和铵离子(NH₄⁺)形式存在的氮的总和。水体中氨氮含量高会给水体带来危害,可导致水体富营养化,是水体中的主要耗氧污染物,对鱼类及某些水生生物有毒害作用。我国现行地表水、地下水、城镇污水和工业废水的排放标准以及渔业水质标准中均规定了氨氮的浓度限值。

水体中氨氮含量高会给水体带来危害,可导致水体富营养化现象,是水体中的主要耗氧污染物,对鱼类及某些水生生物有毒害作用。

22. 什么是水体悬浮物(SS)?

水体悬浮物是指在水中处于悬浮状态的颗粒物质。它包括无机悬浮物和有机悬浮物。

　　水体中的无机悬浮物主要是指在污水中呈悬浮状态的泥沙、粉尘、微小的金属残片等颗粒物质，一般来自生活污水和初期雨水。

　　水体中的有机悬浮物主要指污水中呈悬浮状态的纤维、塑料制品、树枝木块、卫生巾等条状和块状物质，一般来自生活污水和工业废水。

23. 我国城镇污水处理情况如何？

　　我国现代污水处理工作起步较晚。改革开放前，全国只有几十座城镇污水处理厂。随着经济社会的快速发展以及国家对水污染治理工作的高度重视，我国的污水处理能力建设取得了长足的进步，城镇污水处理设施逐步增多，城镇污水处理率不断提高。截至2015年年底，全国城镇污水处理设施能力达到 2.17 亿 m^3/d，设市城市污水处理率达到 92%。

城镇污水处理厂

近三十年来，我国的城镇污水处理设施逐步增多，城镇污水处理率不断提高。

24. 什么叫"海绵城市"？

海绵城市是依据低影响开发的理念，把城市规划建设得像海绵一样，在适应城市环境变化和应对自然灾害等方面具有良好的"弹性"，下雨时下渗、储蓄、滞留、净化雨水和污水，从而避免短时间内大量雨水、污水聚集带来的城市内涝问题，雨后又能将储蓄的雨水、污水进行处理、排放或加以利用。

建设海绵城市，核心理念是保证城市区域开发前后的雨水径流量基本不变，在优先保护现有湿地、河湖、林地、绿地等生态涵养区域的同时，建设透水地面与路面、下沉式绿地与广场、屋顶花园等"绿色"设施，实现雨水"慢排缓释"和"源头分散"的目标。

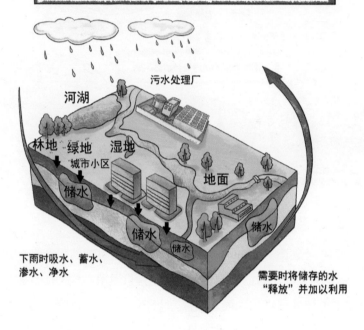

海绵城市是依据低影响开发的理念，把城市规划建设得像海绵一样，在适应城市环境变化和应对自然灾害等方面具有良好的"弹性"。

污水处理厂

河湖

林地 绿地 湿地

城市小区

地面

储水

储水

储水

储水

下雨时吸水、蓄水、渗水、净水

需要时将储存的水"释放"并加以利用

25. 国外典型的水污染与治理案例有哪些？

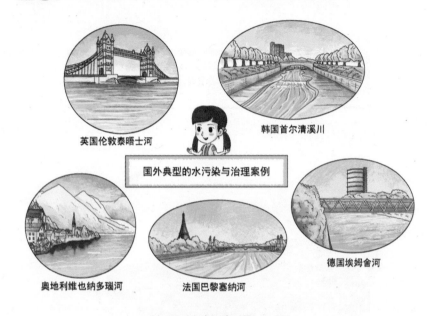

英国伦敦泰晤士河

韩国首尔清溪川

国外典型的水污染与治理案例

奥地利维也纳多瑙河

法国巴黎塞纳河

德国埃姆舍河

英国伦敦泰晤士河

泰晤士河全长 402 km，流经伦敦市区，是英国的母亲河。19 世纪以来，随着工业革命的兴起，河流两岸人口激增，大量的工业废水、生活污水未经处理直排入河，沿岸垃圾随意堆放。1858 年，伦敦发生"大恶臭"事件，政府开始治理河流污染，主要思路和措施有：

第一是通过立法严格控制污染物排放。20 世纪 60 年代初，政府对入河排污做出了严格规定，企业废水必须达标排放，或纳入城市污水处理管网。企业必须申请排污许可，并定期进行审核，未经许可不得排污。定期检查，起诉、处罚违法违规排放等行为。

第二是修建污水处理厂及配套管网。1859 年，伦敦启动污水管网建设，在南北两岸共修建七条支线管网并接入排污干渠，减轻了主城区河流污染，但并未进行处理，只是将污水转移到海洋。19 世纪末以来，伦敦市建设了数百座小型污水处理厂，并最终合并为几座大型污水处理厂。1955—1980 年，流域污染物排污总量减少约 90%，河水溶解氧浓度提升约 10%。

第三是从分散管理到综合管理。自 1955 年起，逐步实施流域水资源水环境综合管理。1963 年颁布了《水资源法》，成立了河流管理局，实施取用水许可制度，统一水资源配置。1973 年《水资源法》修订后，全流域 200 多个涉水管理单位合并成泰晤士河水务管理局，统一管理水处理、水产养殖、灌溉、畜牧、航运、防洪等工作，形成流域综合管理模式。1989 年，随着公共事业民营化改革，水务局转变为泰晤士河水务公司，承担供水、排水职能，不再承担防洪、排涝和污染控制职能；政府建立了专业化的监管体系，负责财务、水质监管等，实现了经营者和监管者的分离。

第四是加大新技术的研究与利用。早期的污水处理厂主要采用沉淀、消毒工艺，处理效果不明显。20 世纪五六十年代，研发采用了活性污泥法处理工艺，并对尾水进行深度处理，出水生化需氧量为 $5 \sim 10 \, mg/L$，处理效果显著，成为水质改善的根本原因之一。泰晤士水务公司近 20% 的员工从事研究工作，为治理技术研发、水环境容量确定等提供了技术支持。

第五是充分利用市场机制。泰晤士河水务公司经济独立、自主权较大，其引入市场机制，向排污者收取排污费，并发展沿河旅游娱乐业，多渠道筹措资金。仅 1987—1988 年，总收入就高达 6 亿英镑，其中日常支出 4 亿英镑，上交盈利 2 亿英镑，既解决了资金短缺难题，又促进了社会发展。

通过治理，水质逐步改善，20 世纪 70 年代，泰晤士河重新出现鱼类并逐年增加；80 年代后期，无脊椎动物达到 350 多种，鱼类达到 100 多种，包括鲑鱼、鳟鱼、三文鱼等名贵鱼种。目前，泰晤士河水质恢复到了工业化前的状态。

韩国首尔清溪川

清溪川全长 11 km，自西向东流经首尔市，流域面积为 51 km^2。20 世纪 40 年代，随着城市化和经济的快速发展，大量的生活污水和工业废水排入河道，后来又实施河床硬化、砌石护坡、裁弯取直等工程，严重破坏了河流自然生态环境，导致流量变小、水质变差，生态功能基本丧失，50 年代后成为盖板河。

21 世纪初，政府下决心开展综合整治和水质恢复工作，主要采取了三方面措施：第一是疏浚清淤，2005 年总投资 3 900 亿韩元（约 3.6 亿美元）的"清溪川复原工程"竣工，拆除了河道上的高架桥、清除了水泥封盖、清理了河床淤泥、还原了自然面貌；第二是全面截污，两岸铺设截污管道，将污水送入污水处理厂统一处理，并截流初期雨水；第三是保持水量，从汉江日均取水 9.8 万 t，通过泵站注入河道，加上净化处理的 2.2 万 t 城市地下水，总注水量达 12 万 t，让河流保持 40 cm 水深。

治理取得明显效果。从生态环境效益看，清溪川成为重要的生态景观，除生化需氧量和总氮两项指标外，各项水质指标均达到韩国地表水一级标准；从经济社会效益看，由于生态环境、人居环境的改善，周边房地产价格飙升，旅游收入激增，带来的直接效益是投资的 59 倍，附加值效益超过 24 万亿韩元，并解决了 20 多万个就业岗位。

德国埃姆舍河

埃姆舍河全长约 70 km，位于德国北莱茵—威斯特法伦州鲁尔工业区，是莱茵河的一条支流；其流域面积为 865 km²，流域内约有 230 万人，是欧洲人口最密集的地区之一。该流域煤炭开采量大，导致地面沉降，致使河床遭到严重破坏，出现河流改道、堵塞甚至河水倒流的情况。19 世纪下半叶起，鲁尔工业区的大量工业废水与生活污水直排入河，河水遭受严重污染，曾是欧洲最脏的河流之一。

该河流治理思路与措施为：

第一是雨污分流改造和污水处理设施建设。流域内城市历史悠久，排水管网基本实行雨污合流。因此，一方面实施雨污分流改造，将城市污水和重度污染的河水输送至两家大型污水处理厂净化处理，减少污染直排。另一方面建设雨水处理设施，单独处理初期雨水。此外，还建设了大量分散式污水处理设施、人工湿地以及雨水净化厂，全面削减入河污染物总量。

第二是采取"污水电梯"、绿色堤岸、河道治理等措施修复河道。"污水电梯"是指在地下 45 m 深处建设提升泵站，把河床内历史积存的大量垃圾及浓稠污水送到地表，分别进行处理处置。绿色堤岸是指在河道两边种植大量绿植并设置防护带，既改善河流水质又改善河道景观。河道治理是指配合景观与污水处理效果，拓宽、加固清理好的河床，并在两岸设置雨水、洪水蓄滞池。

第三是统筹管理水环境水资源。为加强河流治污工作，当地政府、煤矿和工业界代表，于 1899 年成立了德国第一个流域管理机构，即"埃姆舍河治理协会"，独立调配水资源，统筹管理排水、污水处理及相关水质，专职负责干流及支流的污染治理。治理资金 60% 来源于各级政府收取的污水处理费，40% 由煤矿和其他企业承担。

治理取得明显效果：河流治理工程预算为 45 亿欧元，已实施了部分工程，预计还需几十年时间才能完工。目前，流经多特蒙德市的区域已恢复自然状态。

法国巴黎塞纳河

塞纳河巴黎市区段长 12.8 km、宽 30 ~ 200 m。巴黎是沿塞纳河两岸逐渐发展起来的，因此市区河段都是石砌码头和宽阔堤岸，30 多座桥梁横跨河上，两旁建成区高楼林立，河道改造十分困难。20 世纪 60 年代初，严重污染导致河流生态系统崩溃，仅有两三种鱼勉强存活。污染主要来自四个方面，一是上游农业过量施用化肥、农药；二是工业企业向河道大量排污；三是生活污水与垃圾随意排放，尤其是含磷洗涤剂使用导致河水富营养化问题严重；四是下游的河床淤积，既造成洪水隐患，也影响沿岸景观。治理该河流采取的主要治理措施包括：

第一是截污治理。政府规定污水不得直排入河，要求搬迁废水直排的工厂，难以搬迁的要严格治理。1991—2001 年，投资 56 亿欧元新建污水处理设施，污水处理率提高了 30%。

第二是完善城市下水道。巴黎下水道总长 2 400 km，地下还有 6 000 座蓄水池，每年从污水中回收的固体垃圾达 1.5 万 m³。巴黎下水道共有 1 300 多名维护工，负责清扫坑道、修理管道、监管污水处理设施等工作，配备了清砂船及卡车、虹吸管、高压水枪等专业设备，并使用地理信息系统等现代技术进行管理维护。

第三是削减农业污染。河流 66% 的营养物质来源于化肥施用，主要通过地下水渗透入河。巴黎一方面从源头加强化肥、农药等面源控制，另一方面对 50% 以上的污水处理厂实施脱氮除磷改造。但硝酸盐污染仍是难以处理的痼疾。

第四是河道蓄水补水。为调节河道水量，建设了 4 座大型蓄水湖，蓄水总量达 8 亿 m³；同时修建了 19 个水闸船闸，使河道水位从不足 1 m 升至 3.4 ～ 5.7 m，改善了航运条件与河岸带景观。此外，还进行了河岸河堤整治，采用石砌河岸，避免冲刷造成泥沙流入；建设二级河堤，高层河堤抵御洪涝，低层河堤改造为景观车道。

除了工程治理措施外，还进一步加强了管理。一是严格执法。根据水生态环境保护需要，不断修改完善法律制度，如 2001 年修订的《国家卫生法》，要求工业废水纳管必须获得批准，有毒废水必须进行预处理并开展自我监测，必须缴纳水处理费。严厉查处违法违规现象。二是多渠道筹集资金。除预算拨款外，政府将部分土地划拨给河流管理机构（巴黎港务局）使用，其经济效益用于河流保护。此外，政府还收取船舶停泊费、码头使用费等费用，作为河道管理资金。

经过综合治理，塞纳河水生态状况大幅改善，生物种类显著增加。但是沉积物污染与上游农业污染问题依然存在，说明城市水体整治仅针对河道本身是不够的，需进行全流域综合治理。

奥地利维也纳多瑙河

多瑙河全长 2 850 km，是欧洲第二长河，奥地利首都维也纳市地处其中游。20 世纪 70 年代，多瑙河流域因为大量的工业废水与生活污水的排入，曾经是一条国际性的黑河、臭河，既没有水生生物存在，也没有成为一条景观河。

1986 年 1 月多瑙河沿岸各国在罗马尼亚首都布加勒斯特举行了发展多瑙河水利和保护水质的国际会议，协调行动，通过共同声明，沿岸各国加强合作，为更合理地利用多瑙河水资源而作出努力。奥地利政府的综合治理开发，形成了一套现代化的河流综合治理和开发体系，即在传统治理理念基础上突出"生态治理"概念，并运用到防洪、治污、经济开发等各个领域。

第一是建设生态河堤。恢复河岸植物群落和储水带，是维也纳多瑙河治理和开发的主要任务之一。基于"亲近自然河流"概念和"自然型护岸"技术，在考虑安全性和耐久性的同时，充分考虑生态效果，把河堤由过去的混凝土人工建筑，改造成适合动植物生长的模拟自然状态，建成无混凝土河堤或混凝土外覆盖植被的生态河堤。

第二是优化水资源配置和使用。维也纳周边山地和森林水资源丰富，其城市用水 99% 为地下水和泉水，维持了多瑙河的自然生态流量。维也纳严禁将工业废水和居民生活污水直接排入多瑙河，废污水由紧邻多瑙河的两座大型水处理中心负责处理，出水水质达标后，大部分排入多瑙河，少部分直接渗入地下补充地下水。此外，严格控制沿岸工业企业数量并严格监管。

如今的多瑙河水质清澈，大量水鸟在河中嬉水，还依稀可见到河底中的水草与卵石，可以称得上是世界江河治理的成功典范。

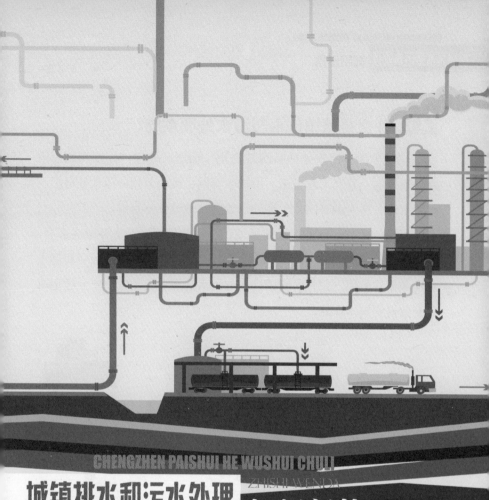

CHENGZHEN PAISHUI HE WUSHUI CHULI
ZHISHI WENDA

城镇排水和污水处理 知识问答 ■

第二部分
城镇排水与污水处理系统

26. 什么是城镇排水与污水处理系统？

城镇排水与污水处理系统是收集、输送、处理、处置和利用雨水及污水的一整套工程设施，由排水管网、排水泵站、污水处理厂、再生水厂、再生水管网、污泥处理处置设施等部分组成。

城镇排水与污水处理系统是城镇公共基础设施的重要组成部分，其主要功能是避免城镇内涝、保障公共卫生安全、保护水环境和促进水资源循环利用。完善的城镇排水与污水处理系统是城镇安全稳定运行的前提和基本保障。

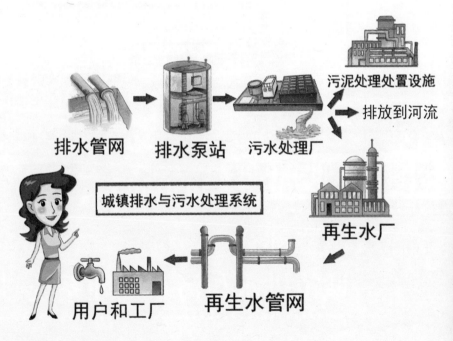

27. 什么是城镇排水的合流制和分流制？

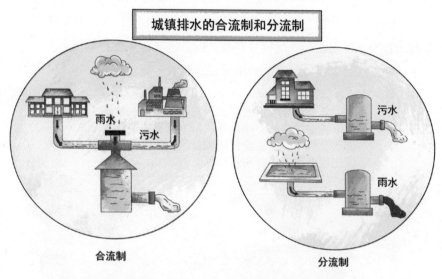

城镇排水的合流制和分流制

合流制　　　　　　　　　　分流制

　　污水的排除方式分为合流制和分流制。合流制是将城镇生活污水、工业废水和雨水在同一个管渠系统内的收集和排除的方式。分流制是将城镇生活污水和雨水在各自独立的管渠系统内收集和排除的方式。合流制适用于附近具有较大水体、发展受限的小城镇和雨水稀少、废水能够全部处理的地区。分流制比较灵活，根据社会经济发展和环保要求较易进行调整，因此在新建排水系统中一般采用分流制。

28. 城镇排水与污水处理系统在公共卫生安全中发挥哪些作用？

　　城镇排水与污水处理系统的主要作用之一是收集和输送生活污水，城镇生活污水中含有大量的污染物、细菌与病毒，如果不及时收集、排除和处理，散布在人们的生活环境中，就会成为重要的传染源。2003 年香港某社区出现的严重 SARS 疫情，就是由于排泄物中的 SARS 病毒从污水管道的裂缝外漏到空气中，又逐步扩散到社区，致使整个社区出现严重疫情并殃及全国。因此，完善的城镇排水与污水处理系统，对保障城镇公共卫生安全具有重要作用。

2003年香港某社区出现的严重SARS疫情，就是由于排泄物中的SARS病毒从污水管道的裂缝外漏到空气中，又逐步扩散到社区，致使整个社区出现严重疫情并殃及全国。

29. 城镇排水与污水处理系统在节能减排工作中有什么贡献？

城镇排水与污水处理系统承担着收集、处理、处置、利用城镇污水的功能，对控制水污染、保护水环境、节约水资源、构建生态文明社会、促进可持续发展具有重要作用。

据环境保护部统计，2014 年我国 COD 总减排量约为 2 800 万 t，城镇污水处理削减的 COD 总量约达到 1 200 万 t，面源治理削减的 COD 量约为 1 000 万 t，工业污染源削减 COD 量约 600 万 t，可见城镇排水与污水处理已成为国家水污染物减排的主要贡献者。

2014年我国COD总减排量约为2 800万t

面源治理削减COD量
约为1 000万t

工业污染源削减COD量
约600万t

城镇污水处理削减的COD总量
约达到1 200万t

30. 城镇排水与污水处理系统在国家资源战略中有哪些作用？

水资源短缺是我国的基本国情之一。我国北方不少地区存在着资源性缺水问题，南方一些地区则因水体污染呈现着水质性缺水困境。因此，通过工程技术手段加强污水处理与再生利用，在治理水污染的同时，大力开发非传统水资源已经成为我国许多城镇保障社会经济可持续发展的重要举措之一。

我国《"十二五"全国城镇污水处理及再生利用设施建设规划》中明确指出：到 2020 年年底，缺水城市再生水利用率不低于 20%。由此可见，城镇污水处理与再生利用以及随之而展开的污水热能利用、污泥的综合利用以及污泥沼气等能源利用都将在国家资源战略中发挥着日益重要的作用。

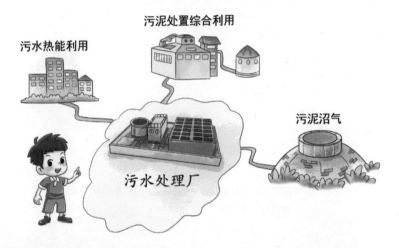

31. 城镇排水与污水处理系统在内涝防控中有哪些作用？

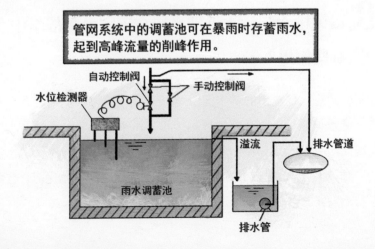

城镇排水与污水处理系统通过管网、泵站、调蓄池等系统设施收集、调蓄和排除雨水、污水，避免地面产生积水，是城镇内涝防控的主要措施。管网系统中的调蓄池可在暴雨时存蓄雨水，起到高峰流量的削峰作用，雨量小时用泵持续排出处理，对存蓄的雨水进行科学利用。

32. 造成我国城镇内涝的主要原因有哪些？

城镇内涝指的是在城镇区域内，由于暴雨或连续降雨使地面径流汇集的水量超过城镇排水系统的排放能力而导致的严重积水。通常来说，积水深度达到 15 cm 以上且不能短时排除将会影响交通并引发相关灾害，这种情形可视为城市积水或内涝。造成内涝的原因主要有以下几个方面：

（1）城镇排水系统设计标准偏低。我国原有的设计规范规定，一般排水管道、泵站及附属设施设计重现期为 0.5 ~ 2 年，但是随着城市社会经济的快速发展，高层建筑林立，立交道路纵横，加上地面大面积硬化造成雨水的渗、蓄、滞能力差，进一步增加了排水管道的输排压力，原有的设计标准偏低，亟待调整。

（2）城镇排水系统建设滞后。未按规划及时完成合流制改造和新设施建设，造成断头管、断头河现象。随着城镇建设工作的发展，原有的汇水分区被改变，超出本区域设施设计能力的客水汇入，造成汛期严重积水，特别是下凹式立交桥区问题更为突出。

（3）城镇排水系统资金投入不足，养护缺失、管理不到位。社会上违规地向排水管道倾倒垃圾、泥浆以及破坏设施造成雨水口堵塞，管道积泥堵塞，形成"肠梗阻"，面对这种情况，一些城镇资金投入不足、养护缺失、管理不到位，造成城镇的部分地区汛期严重积水。

（4）城镇防洪和排涝的衔接不顺。汛期城镇河道排泄能力不足、河道水位过高，造成顶托，导致雨水不能及时排除。

（5）应急联动能力不足。信息化和指挥调度体系不健全，机动应急抢险能力不能满足要求。

近年来北京、余姚、武汉、深圳、昆明等多个城市汛期先后变成"水城"，都与排水与污水处理系统设施标准偏低、建设滞后、年久失修失养等关系密切，给国家和人民生命财产带来巨大损失。

33. 暴雨的红色、橙色、黄色、蓝色预警是怎样划分的？

我国将汛情可能造成危害的程度由低到高划分为蓝色汛情预警（IV级）、黄色汛情预警（III级）、橙色汛情预警（II级）、红色汛情预警（I级）四个预警级别。

暴雨蓝色预警信号：12 h内降雨量将达50 mm以上，或者已达

50 mm 以上，可能或已经造成影响且降雨可能持续。

　　暴雨黄色预警信号：6 h 内降雨量将达 50 mm 以上，或者已达 50 mm 以上，可能或已经造成影响且降雨可能持续。

　　暴雨橙色预警信号：3 h 内降雨量将达 50 mm 以上，或者已达 50 mm 以上，可能或已经造成较大影响且降雨可能持续。

　　暴雨红色预警信号：3 h 内降雨量将达 100 mm 以上，或者已达 100 mm 以上，可能或已经造成严重影响且降雨可能持续。

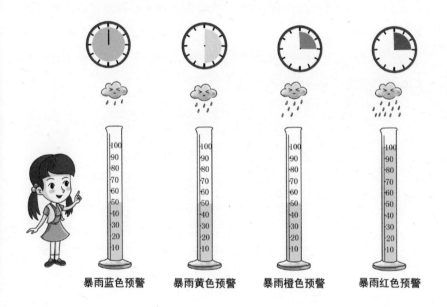

| 暴雨蓝色预警 | 暴雨黄色预警 | 暴雨橙色预警 | 暴雨红色预警 |

34. 城镇排水与污水处理设施地理信息系统有哪些作用？

　　随着我国城镇化水平的不断提高，城镇污水处理厂越来越多，城镇排水管网趋于完善，大型城市的排水管网可达上万公里。面对这些复杂的地下城镇排水系统，传统的依靠经验和图纸的管理手段，已经很难适应现代化管理的要求。借鉴发达国家的成功经验，通过对排水与污水处理设施的普查，建立相应的地理信息系统（GIS），运用计算机技术、数字模型技术、地理信息技术，可有效地分析解决排水设施规划、建设、改造与运行管理中的各种错综复杂的问题，变"被动应对响应"为"主动预警处置"，变"看不见的风险"为"可感知、可预警"的形象管理。

目前，我国已有部分城市采用这种科学的管理手段并收到很好的效果。新颁布的《城镇排水与污水处理条例》已经对建设排水设施地理信息系统提出明确要求。从发展趋势来看，建设完善的排水设施地理信息系统，对提升排水设施管理的标准化、信息化、精细化水平具有重要意义。

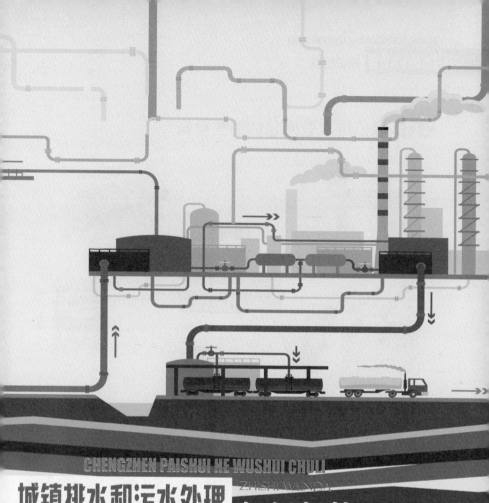

城镇排水和污水处理 知识问答 ■

第三部分
城镇排水管网

35. 城镇排水管网包括哪些设施？

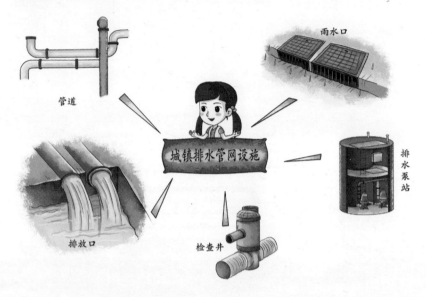

城镇排水管网包括各类雨水进水口、雨污水管道、检查井、排水泵站及其附属设施。道路边常见的排水沟、雨水篦子、井盖等也是排水设施的组成部分。

管道：用来输送雨水、污水的各类排水管线。管道可分为污水管道、雨水管道和合流管道三种。

雨水口：设置在道路两侧用于收集地面雨水的专用附属构筑物，其上部装有雨水箅子，可以拦截大的垃圾杂物以防止堵塞排水管道。

检查井：设置在排水管渠的交汇、转弯处，以及管径、坡度及高程的变化处，是用于对排水管道进行清淤疏通、检查维修的附属构筑物。

排水泵站：泵房及其配套设施的总称，是为提升污水、雨水而设置的，分为污水泵站、雨水泵站和合流泵站。

排放口：用来将收集的雨水排入水体和将污水处理厂处理后的污水排入水体的专用设施。

溢流口：为了应对雨季进入污水管网水量过大而设置的，防止对污水处理系统产生冲击。

36. 城镇排水管网的主要作用是什么？

城镇排水管网是城镇重要的市政基础设施，其作用是收集污水和排除雨水，污水通过分流制的污水管网或合流制管网收集和输送至城镇污水处理厂处理达标排放，雨水则通过分流制的雨水管网或合流制管网收集和排放至水体。

37. 城镇排水管道的特点是什么?

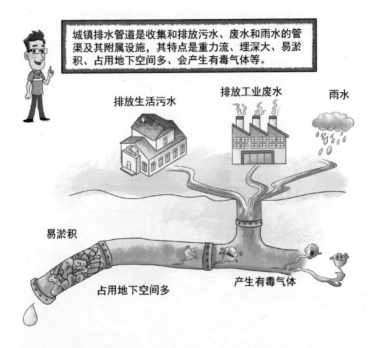

城镇排水管道是收集和排放污水、废水和雨水的管渠及其附属设施,其特点是重力流、埋深大、易淤积、占用地下空间多、会产生有毒气体等。

排放生活污水　　排放工业废水　　雨水

易淤积

占用地下空间多　　　　产生有毒气体

城镇排水管道是收集和排放污水、废水和雨水的管渠及其附属设施,其特点是重力流、埋深大、易淤积、占用地下空间多、会产生有毒气体等。由于排水管道具有上述特点,需要优先规划、优先建设,预留地下空间;在清淤养护过程中,通常需要预先通风和占道作业。由于排水管道往往直径较大,管内污水有时充满度较高,行人不慎坠入,极易被淹溺或冲走,甚至气体中毒,造成生命危险。

38. 排水泵站的作用是什么？

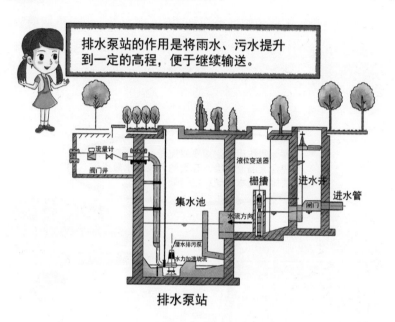

排水泵站的作用是将雨水、污水提升到一定的高程，便于继续输送。

排水泵站

　　排水泵站是设置于雨水、污水管道系统中的一个重要设施，其作用是提升雨水、污水。由于城市雨水、污水管网是地下的长距离输水设施，若靠水的自重流到末端的污水处理设施，管网要保持一定的坡度，会造成管道埋地很深，考虑到施工难度和成本问题，有时会在排水系统中设置中途泵站，将雨水、污水提升到一定的高程，便于继续输送。

　　下凹式立交桥区是积水重灾区，往往下挖深、汇水点低，极易造成道路淹泡，利用抽升泵站排水是将低洼处积水及时排出的最有效方法。

39. 调蓄池的作用是什么？

　　调蓄池是设置在合流制或分流制的管网系统中，用于汛期调节、储存雨水、污水的地下设施，目的是削减高峰流量，控制初期雨水或合流溢流污染，存蓄的污染雨水最终还需要排入污水处理厂进行处理。

40. 为什么要对排水管网进行定期检查？

　　城镇排水管网深埋地下，就像人的血管一样需要定期检查，以便掌握管道的排水和结构状况。检查通常包括水深、水量，管壁老化、损坏、渗漏、腐蚀、管道淤堵情况等，为排水管道的维护提供依据。发现问题后，要及时消除隐患，保障排水管网的安全稳定运行和公共安全。

定期检查包括人工巡查和仪器探查，人工巡查主要是针对地面设施的损坏、占压、非法接入、施工影响等，仪器探查主要是针对地下管道内部状况的影像检查。

41. 排水管网为什么要定期清淤？

排水管网如果不定期清淤，不仅影响管道输水通畅，还会产生沼气等易燃易爆气体和硫化氢等有害气体，发生爆炸或人员中毒等伤亡事故。

在收集和输送污水时，排水管网中会沉积滞留很多泥沙，如果不定期清淤，不仅影响管道输水通畅，还会产生沼气等易燃易爆气体和硫化氢等有害气体，发生爆炸或人员中毒等伤亡事故。因此，管道污泥必须及时清除。

排水管道清淤疏通清掏上来的污泥一般要经过妥善处理处置。管道污泥含水率一般在 91% ～ 93%，以无机成分为主，有机物含量在 20% ~ 30%。污泥容积大、有恶臭味，若不经过无害化处理处置，将会对环境造成二次污染，而经初步浓缩后运送到集中处置站，进行筛分、淘洗、脱水，就可作为路基材料和建筑材料等。

42. 排水管网是如何进行维护操作的？

排水管道养护维修的主要内容包括清淤疏通、附属构筑物整修和管道修复更新等。一般有准备、作业、收尾三个阶段：准备阶段主要包括交通导行、占道围挡、管道通风与有毒气体检测等；作业阶段主要是采用专用机械设备、工具器械等对管道及其附属构筑物进行养护维修；收尾阶段主要包括复原检查井盖、清理作业垃圾、拆除作业围挡、恢复道路交通等。

排水管道的养护维修作业周期较长，为减少对道路交通的影响，通常在夜间进行。

43. 排水管道中有害气体的组成和危害有哪些？

排水管道中的污水在收集、输送过程中，有机物会发生厌氧反应，产生硫化氢、甲烷、一氧化碳、二氧化硫、二氧化氮等有毒有害、易燃易爆气体，可导致人员昏迷、麻痹，以致死亡，遇有明火还会发生爆炸。

44. 如何防止排水管网中有害气体的中毒与爆炸？

按照国家安监局《特种作业人员安全技术培训考核管理规定》，专业人员进入排水管道作业需取得有限空间操作证，严格按照安全操作规程进行作业。非专业人员严禁进入排水管道及其附属设施、不得私自打开路面井盖、不得在井盖附近燃放烟花爆竹等。

防止排水管网中有害气体的中毒与爆炸

非专业人员严禁进入
排水管道及其附属设施

不得私自
打开路面井盖

不得在井盖附近
燃放烟花爆竹

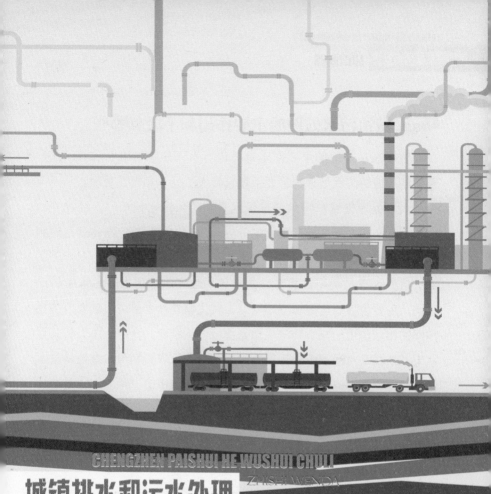

CHENGZHEN PAISHUI HE WUSHUI CHULI

城镇排水和污水处理 知识问答

ZHISHI WENDA

第四部分
城镇污水处理与再生利用

45. 城镇污水处理的主要作用和手段有哪些？

城镇污水处理的主要作用是净化污水、开发利用水资源、保护水环境。城镇污水处理的主要手段包括人工处理和自然处理。

人工处理指城镇污水通过管网系统进入污水处理厂，经物理、生物、化学等方法进行污染物的分离、降解、氧化等，净化处理达到一定标准后排放水体或作为再生水水源。

自然处理是利用自然形态的设施通过生物作用去除污水中的污染物，主要包括氧化塘和湿地处理。氧化塘处理主要是通过塘内各物种间的相互作用形成食物链生态系统，包括细菌、真菌、藻类和其他水生动植物，对污水中的污染物进行有效的处理和利用。湿地是指水域与陆地交界的沼泽地带，人们把湿地比作城市的"肾"，它是通过自然沉淀、微生物降解、水生植物吸收等去除污水中的污染物。湿地处理不仅能净化水质、涵养生态，还可调节区域气候。

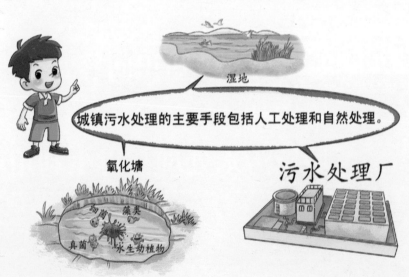

湿地

城镇污水处理的主要手段包括人工处理和自然处理。

氧化塘

藻类

真菌

水生动植物

污水处理厂

46. 城镇污水处理厂的处理对象是什么？

城镇污水处理厂的处理对象是由城镇管网收集的全部污水废水，包括居民生活和公共服务、饭店宾馆等排出的污水和医院及工厂预处理后排出的废水，还有通过雨水管网收集的初期雨水。

47. 什么是污水的物理处理？

污水物理处理又称污水一级处理，是通过简单的沉淀、过滤或适当的曝气，以去除污水中的悬浮物、调整 pH 及减轻污水的腐化程度的工艺过程，去除污水中大部分粒径在 100 μm 以上的颗粒物质。方法有：

（1）重力分离法，其处理单元有沉淀、上浮（气浮）等，使用的处理设备是沉淀池、沉砂池、隔油池、气浮池及其附属装置等。

（2）离心分离法，其本身是一种处理单元，使用的设备有离心分离机、水力旋流分离器等。

（3）筛滤截留法，有栅筛截留和过滤两种处理单元，前者使用格栅、筛网，后者使用砂滤池、微孔滤机等。

此外，还有废水蒸发处理法、废水气液交换处理法、废水磁分离处理法、废水吸附处理法等。

物理处理法的优点是：设备大都较简单，操作方便，分离效果良好，故使用极为广泛。

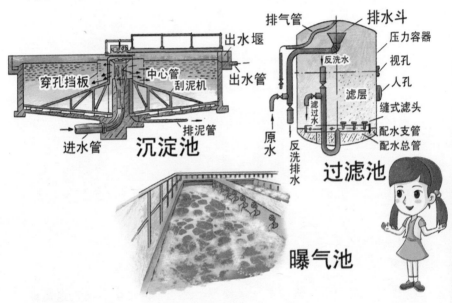

48. 什么是污水的化学处理？

污水的化学处理是通过化学反应和传质作用来分离、去除污水中呈溶解、胶体状态的污染物或将其转化为无害物质的污水处理法。以投加药剂产生化学反应为基础的处理单元有混凝、中和、氧化还原等；以传质作用为基础的处理单元有萃取、汽提、吹脱、吸附、离子交换以及电渗析和反渗透等。

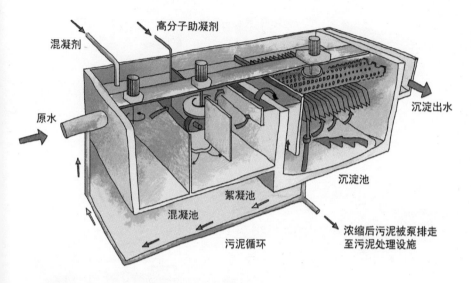

49. 什么是污水的生物处理？

污水生物处理是用生物学的方法处理污水的总称，是现代污水处理应用中最广泛的方法之一，主要借助微生物的分解作用把污水中的有机物转化为简单的无机物，使污水得到净化。污水生物处理效果好，费用低，技术较简单，应用比较方便、简单，按对氧气需求情况可分为厌氧生物处理和好氧生物处理两大类。

厌氧生物处理是利用厌氧微生物把有机物转化为有机酸，甲烷菌再把有机酸分解为甲烷、二氧化碳和氢气等，如厌氧塘、化粪池、污泥的厌气消化和厌氧生物反应器等。

好氧生物处理是采用机械曝气或自然曝气（如藻类光合作用产氧等）为污水中好氧微生物提供活动能源，促进好氧微生物的分解活动，使污水得到净化，如活性污泥、生物滤池、生物转盘、污水灌溉、氧化塘。

曝气池

50. 什么是污水的一级处理？

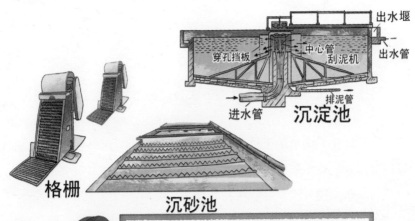

出水堰
穿孔挡板 中心管 出水管
刮泥机
进水管 排泥管 **沉淀池**

格栅

沉砂池

污水一级处理是通过物理拦截、沉淀或气浮等方法去除污水中非溶解性的固体和悬浮物。

污水一级处理是通过物理拦截、沉砂、沉淀等方法去除污水中非溶解性的固体和悬浮物。通过一级处理可以去除 60% ～ 80% 的悬浮物（SS），以及部分非溶解性的 COD 和 BOD。污水在一级处理阶段的停留时间一般为 2 ～ 3 h。城镇污水仅采用一级处理工艺一般仍达不到较好的出水水质。

51. 什么是污水的二级处理?

污水二级处理又称生化处理或生物处理，是在污水一级处理基础上通过生物化学方法进一步去除污水中的胶体、溶解性有机污染物、氮和磷。

二沉池

污水二级处理又称生化处理或生物处理，是在污水一级处理基础上通过生物化学方法进一步去除污水中的胶体、溶解性有机污染物、氮和磷。经过一级处理和二级处理后，污水中 90% 以上的 SS、BOD、COD 以及部分的氮和磷得到去除。在二级处理阶段污水停留时间一般为 8 ～ 15 h。二级处理通常包括曝气生物反应池（简称曝气池）、二沉池。

52. 什么是污水的深度处理？

污水深度处理通常是以污水的再生利用为目的，在二级处理后根据水质要求增加的处理工艺，常用于进一步去除水中难以降解的COD、SS、氮、磷，以及盐类和病毒，主要有混凝沉淀、介质过滤、膜分离、臭氧氧化、活性炭吸附、消毒、湿地净化等方法。

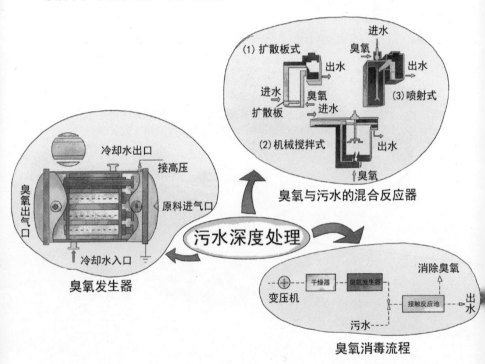

臭氧与污水的混合反应器

臭氧发生器

污水深度处理

臭氧消毒流程

53. 城镇污水处理厂的主要处理工艺流程是怎样的？

进入污水处理厂的污水一般需经过一级处理和二级处理达标后排放，若为了循环利用还需经过深度处理。

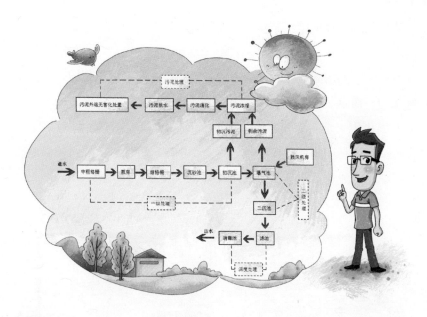

54. 城镇污水二级处理的主要工艺有哪些？

城镇污水二级处理主要采用氧化沟、A²/O、SBR 工艺等活性污泥处理工艺，生物接触氧化、生物滤池等生物膜法和化学方法等也有一定的应用。活性污泥法的基本原理是向污水中不断注入空气，维持水中适当的溶解氧，利用微生物组成的活性污泥絮凝体，首先吸附污水中的有机污染物，再通过自身代谢将有机污染物氧化分解成二氧化碳和水，使污水得以净化，同时微生物自身得到增殖繁衍。

55. 什么是氧化沟工艺？

氧化沟属于活性污泥处理工艺的一种变形工艺，一般采用转刷、转碟等表面曝气设备对污水供氧；氧化沟采用环形沟渠形式，混合液在氧化沟曝气器的推动下作水平流动，氧化沟采用延时曝气，不需初沉池且不采用污泥消化处理；氧化沟分为很多种类型，如传统转刷曝气氧化沟、三沟式氧化沟、卡鲁塞尔氧化沟、奥贝尔氧化沟、一体化氧化沟、微曝氧化沟。

氧化沟工艺具有出水水质好、抗冲击负荷能力强、除磷脱氮效率高、污泥易稳定、能耗小、全程自动化控制等优点，但同时也存在污泥膨胀、流速不均等不足。

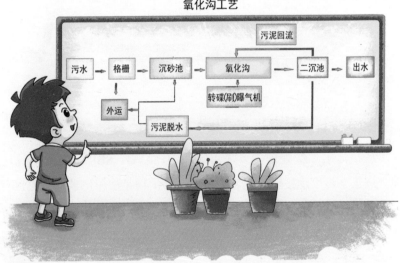

氧化沟工艺

56. 什么是 A²/O 工艺？

A²/O 工艺是厌氧—缺氧—好氧单元处理技术英文单词 Anaerobic-Anoxic-Oxic 第一个字母的组合，是一种常用的污水处理工艺，可用于二级污水处理及深度处理，具有良好的脱氮除磷效果。厌氧一般放在流程前端，是为好氧段除磷创造条件；后续的缺氧是为了脱氮；

最后的好氧是降解有机污染物、硝化、除磷的主要单元。A²/O 工艺具有同时脱氮除磷、污泥沉降性能好等优点，但回流污泥中含有的硝酸盐进入厌氧区会影响除磷效果，脱氮效果也受到内回流比的影响。

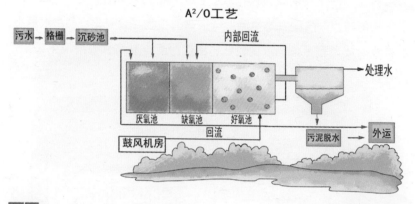

57. 什么是 SBR 工艺？

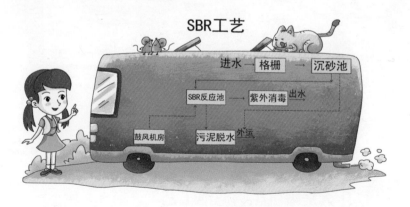

　　SBR 是序批式活性污泥法（Sequencing Batch Reactor Activated Sludge Process）的英文缩写，是一种按时间序列将污水均化、沉淀、生物降解等功能集一池完成的活性污泥处理技术。具有设施简单、布置紧凑的特点，多在中小型污水处理厂使用。

58. 什么是生物接触氧化工艺？

　　生物接触氧化工艺与上述悬浮式生物处理技术不同，它采用固定式填料作为微生物的载体，克服了悬浮式生物处理技术中活性污泥易于流失的缺点，在反应器中能保持很高的生物量。因此，多在水量小、水质波动较大和污染物浓度较低、活性污泥不易培养等情况下采用，具有占地少、耐低温的优点。

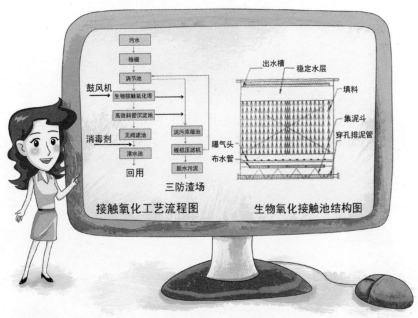

接触氧化工艺流程图　　　　生物氧化接触池结构图

59. 什么是曝气生物滤池工艺？

　　曝气生物滤池工艺出现于 20 世纪 70 年代末 80 年代初，是一种生物膜法处理工艺。与传统活性污泥法相比，曝气生物滤池中活性微生物浓度要高得多，反应器体积小，占地面积少，具有良好的处理性能，还具有模块化结构、便于自动控制、臭气少等优点，在我国主要用于城镇污水、部分工业废水的深度处理。

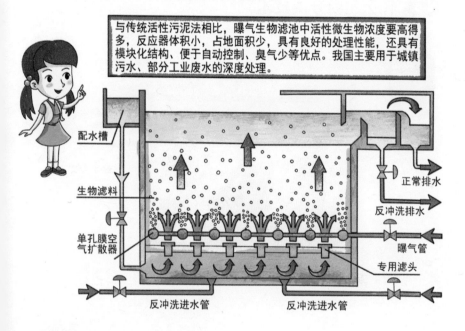

> 与传统活性污泥法相比，曝气生物滤池中活性微生物浓度要高得多，反应器体积小，占地面积少，具有良好的处理性能，还具有模块化结构、便于自动控制、臭气少等优点。我国主要用于城镇污水、部分工业废水的深度处理。

配水槽

生物滤料

单孔膜空气扩散器

反冲洗进水管

反冲洗进水管

正常排水

反冲洗排水

曝气管

专用滤头

60. 什么是人工湿地？

人工湿地是指人为设计、建设的湿地系统，分为表流和潜流两种类型，其中生长着挺水、浮水和沉水植物，能够对污染物质进行吸收、代谢、分解，实现水体净化。目前全世界有众多的人工湿地用于污水处理，面积从几百平方米到几千公顷不等。

人工湿地由沟槽、防渗层、填料层及水生植物组成，污水由湿地的一端通过布水管渠进入，与生物填料及植物根区接触而获得净化。

人工湿地与传统污水处理厂相比具有投资少、运行成本低等明显优势，但占地较大，受气候条件限制，处理效率较低，常作为二级处理出水的深度处理工艺。

61. 什么是膜分离技术?

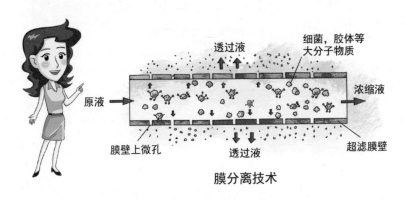

透过液

细菌,胶体等
大分子物质

原液

浓缩液

膜壁上微孔

透过液

超滤膜壁

膜分离技术

　　膜是具有选择性分离功能的材料。利用膜的选择性分离实现料液中不同组分的分离、纯化、浓缩的过程称作膜分离。依据膜孔径大小可将膜分为微滤膜、超滤膜、纳滤膜和反渗透膜。

　　膜技术主要用于污水的深度处理,进一步分离污水二级处理不能去除的污染物,包括大分子物质、细菌、病毒等,具有占地少、水质好等特点,但其运行要求高、使用寿命短、能耗高。

膜的种类	膜孔径	透过物质	被截流物质
微滤膜	$0.1 \sim 1\ \mu m$	水、溶剂和溶解物	悬浮物、细菌类、微粒子、大分子有机物
超滤膜	$0.001 \sim 0.1\ \mu m$	水、溶剂、离子和小分子	蛋白质、各类酶、细菌、病毒、胶体、微粒子
纳滤膜	$0.001 \sim 0.005\ \mu m$	水和溶剂	无机盐、糖类、氨基酸等
反渗透膜	$0.000\ 1 \sim 0.005\ \mu m$		

62. 什么是 MBR 工艺？

　　MBR 工艺是膜分离技术与生物处理技术有机结合的新型污水处理技术，是膜生物反应器（Membrane Bio-reactor）的英文缩写，常用的膜生物反应器有两类：一类是浸没式膜 - 生物反应器，另一类是外置式膜 - 生物反应器。与许多传统的生物水处理工艺相比，MBR工艺出水水质好、有利于水的再生利用、剩余污泥产量少、占地面积小、有利于氨氮及难降解有机物的去除，但该工艺建设和运行成本较高，维护管理较复杂。

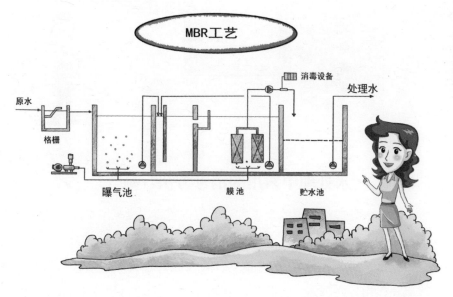

63. 污水处理中为什么要设置消毒处理单元？

　　城镇污水处理系统中，普通生物处理只能除去污水中部分细菌、病毒等病原微生物，水质虽已改善，但细菌的绝对数量仍很多，且有病原菌存在。为了防止疾病的传播，必须灭活这些微生物，废水才可安全地排入水体或循环再用。消毒是灭活这些致病微生物的有效方法，因此污水处理厂应设置消毒单元。

普通生物处理只能除去污水中部分细菌、病毒等病原微生物，水质虽已改善，但细菌的绝对数量仍很多，且有病原菌存在。

64. 污水处理中常用的消毒方法有哪些？

污水处理中常用的消毒方法有氯剂消毒、臭氧消毒和紫外线消毒等。

氯剂消毒：通过氯制剂（如氯气、次氯酸钠、二氧化氯）的氧化作用，对细菌、病毒进行灭活。

臭氧消毒：通过臭氧的氧化还原反应，对细菌、病毒进行灭活，臭氧的灭活作用极强。

紫外线消毒：利用紫外线照射水流，使水中的各种病原体细胞组织中的 DNA 结构受到破坏而失去活性，从而达到消毒杀菌的目的。

污水处理中常用的消毒方法有氯剂消毒、臭氧消毒和紫外线消毒等。

氯剂消毒

臭氧消毒

紫外线消毒

65. 如何控制城镇污水处理厂产生的臭味?

城镇污水处理厂的臭味主要来自一级处理区域和污泥处理区域。通常采取封闭、收集、净化处理后排放,并在厂区周围设置隔离带。我国城镇污水处理厂臭味排放执行《城镇污水处理厂污染物排放标准》(GB 18918)。

66. 如何控制城镇污水处理厂产生的噪声?

城镇污水处理厂的噪声一般来自各类水泵、鼓风机、压缩机等设备,通常采取减振、消音、隔声、吸音、封闭等措施。我国城镇污水处理厂的厂界噪声执行《声环境质量标准》(GB 3096)。

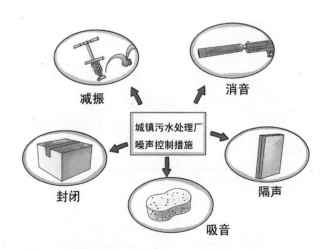

67. 城镇污水处理厂是如何选址的?

①应设在地势较低处,便于污水自流入厂;

②宜靠近排放水体,便于处理后的净化水就近排放;

③设在城镇、工厂及居住区的主导风向的下风向;

④不宜设在雨季易受水淹的低洼处;

⑤应与城镇总体规划相一致。

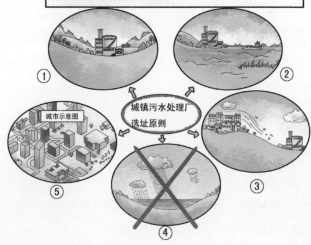

污水处理厂选址的基本原则有：①应设在地势较低处，便于污水自流入厂；②宜靠近排放水体，便于处理后的净化水就近排放；③设在城镇、工厂及居住区的主导风向的下风向；④不宜设在雨季易受水淹的低洼处；⑤应与城镇总体规划相一致。

68.什么是再生水？

再生水是指污水经二级处理后，再经过深度处理，达到冲厕、景观、洗车及工业冷却等用水水质标准的水。我国颁布的《城市污水再生利用 分类》（GB/T 18919）标准中，按照用途将再生水分为城市杂用水、景观环境用水、工业用水、农田灌溉用水、地下水回灌用水五大类。

按照用途将再生水分为城市杂用水、景观环境用水、工业用水、农田灌溉用水、地下水回灌用水五大类。

工业用水

景观环境用水

城市杂用水

地下水回灌用水

农田灌溉用水

69. 再生水是如何生产出来的？

再生水生产通常以城镇污水为水源，经二级处理后再增加"混凝、过滤、消毒"或"膜过滤＋消毒"等深度处理工艺，部分新建再生水厂直接采用"膜生物反应器（MBR）＋消毒"工艺生产再生水。

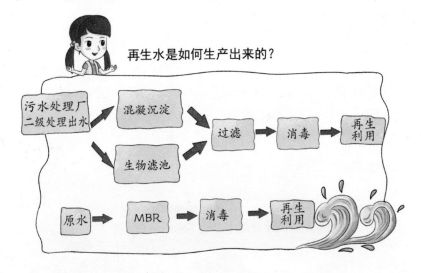

再生水是如何生产出来的？

当用户对再生水水质要求高时，根据水质及处理要求，可在深度处理中增加活性炭吸附、氨吹脱、离子交换、折点加氯、反渗透、臭氧氧化等单元，或几种单元技术的组合。

70. 为什么要大力推进再生水的应用？

再生水水量水质稳定，用途广泛。与海水淡化和跨流域调水相比，再生水开发成本低，可减少清洁水用量，对缓解水资源匮乏、减轻水体污染、改善生态环境，实现水生态的良性循环等意义重大。我国水资源短缺，再生水可作为城镇第二水源，应大力推广发展。

71. 再生水是如何输送给用户的?

再生水输送采用管道输送、加水机供水、再生水直供三种方式。

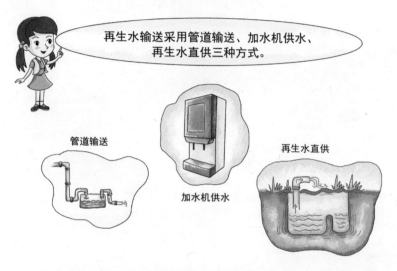

管道输送

加水机供水

再生水直供

　　再生水的输送一般是根据工矿企业用水、景观补充水和市政杂用等不同用途,采用管道输送、加水机供水、再生水直供三种方式。当输水管线过长、沿程压力损失大时,需要在适当位置设置加压泵站。

72. 再生水的成本构成是怎样的?

　　再生水的成本通常由原水输送、处理和再生水供给三个子系统的费用构成。采用的处理技术、系统规模不同,制水成本也不同。据统计,目前我国城镇再生水制水及供水成本为 1.5 ~ 4.5 元 /t。

原水输送

再生水供给

处理

再生水的成本通常由原水输送、处理和再生水供给三个子系统的费用构成。

73. 再生水供应过程中有哪些安全保障措施？

输水管网维护

相关部门应建立完善的再生水水质安全保障体系，包括输水管网维护、委托有资质的检测机构进行定期检测、利用在线水质监测系统进行实时监督。

实时监督

定期检测

再生水输送和储存与自来水一样可能会产生水质二次污染、病原菌滋生以及管道腐蚀等问题。相关部门应建立完善的再生水水质安全保障体系，包括输水管网维护、委托有资质的检测机构进行定期检测、利用在线水质监测系统进行实时监督。

74. 国外再生水利用的典型案例有哪些？

美国

再生水作为一种合法的替代水源，在美国正得到越来越广泛的利用，成为城市水资源的重要组成部分。美国产业化的污水再生回用设施建设的全面展开，始于20世纪90年代初期。早在1992年，美国国家环保局就会同有关方面推出了再生水回用建议指导书，包括回用处理工艺、水质要求、监测项目与频率、安全距离和条文说明，为尚无法则可遵循的地区提供了重要的指导信息。

美国城镇再生水回用的用途十分广泛，包括非饮用用途的直接利用和饮用用途的间接利用。从回用水的使用构成上看，农作物灌溉、回灌地下水、景观与生态环境用水以及工业用水，是目前美国城镇污水回用最主要的几项用途。来自加州的统计数据显示，全部回用水总量中，约32%用于农业灌溉，27%用于回灌地下水，17%用于绿化灌溉，7%用于工业生产，3%用于补充地表径流、营造湿地和休闲娱乐水面等景观生态用水，1%用于屏蔽海水入侵，其余13%用于城镇公共建筑和居民家庭的多种非饮用用途，包括冲厕、洗车、街道清洗、建筑物的卫生保洁、非食品和非饮食用具的洗涤等。

美国的城镇污水回用厂供应工商业用户和居民家庭使用的回用水水价，一般按供水价的50%～75%收取。

日本

日本于 1962 年开始利用再生水，1980 年开始以东京为首迅速发展再生水利用设施。经过 30 多年的积累，在综合管理、技术开发应用等方面取得了一定的成果。

目前日本大城市普遍形成了双管供水系统，一个是饮用水系统，另一个是再生水系统，即"再生水道"系统。"再生水道"以输送再生水供生活杂用著称，约占再生水回用量的 40%。日本年生活用水量达 157 亿 m³，年污水处理量为 143 亿 m³，处理率在 90% 以上，每年再生水回用约 2 亿 m³，主要用于缺水城市中的河道补水、景观用水、融雪用水、冲厕用水、道路和绿地喷洒用水、工业用水和农业灌溉用水。

日本再生水水费的设定和征收在综合考虑再生水生产、输配设施建设及维护管理费用的基础上，针对不同用户对象，制定不同的水价。例如，福冈对再生水的收费实行按量阶梯式水价，每月再生水使用量为 1 ~ 100 m³ 的，每吨收费 150 日元；每月再生水使用量为 100 ~ 300 m³ 的，每吨收费 300 日元；每月再生水使用量超过 300 m³ 的，每吨收费 350 日元。

以色列

以色列是一个严重缺水的国家，因此，是全世界再生水利用程度最高的国家之一。1972 年就开始规模化污水再利用，目前全国几乎所有的家庭都实现了自来水和再生水的双管供水系统，100% 的生活污水和 72% 的市政污水得到回用。

以色列要求城市的每一滴水至少应回收利用一次，再生水的利用主要是把工业与城市生活产生的污水集中起来，进行净化处理后二次用于农业生产灌溉和工业企业、市民冲厕、河流复苏等。46%的再生水直接回用于灌溉，其余的 33.3% 和 20% 分别回灌于地下或排入河道。除用于农业灌溉外，再生水还用于工业用水、公园和体育馆灌溉、清洗街道、洗车、消防用水、混凝土搅拌、采用双配水系统的宾馆和写字楼冲厕、补给地下水以及避免海水倒灌等。

在以色列，水是实行严格和高度计划管理的。以色列设有专门的水资源管理委员会，每个公民都有用水限额，农业和工业用水也都是按计划分配。为鼓励农业经营者多使用二次净化水，净化水价格低廉，如使用由农庄和农户自己简单处理的水质不太好的净化水，则价格更低。现在，以色列每年要把 3.3 亿 m^3 的净化水用于农业生产，占农业用水总量的 1/3，这不仅节约了水资源，同时也在很大程度上避免了各种废水对有限的土地资源与环境所造成的污染与侵蚀，因而有利于土地和生态环境的保护。

新加坡

新加坡于 1988 年开始进行再生水研究，于 2003 年 2 月正式启动再生水推广活动，并建立了勿洛和克兰芝两座新生水厂，新生水开始投入大规模批量生产。新加坡的水资源管理由公用事业局负责，实施水资源的全方位管理，建设下水道收集系统进行废水和污水收集，并且建造相对独立的排水系统和下水道污水处理体系实现广泛的污水处理和再利用。

目前，新加坡已经建造了五座新生水厂，当地新生水总产量在 2010 年达到全国供水总量的 30%。已有超过 300 家商业企业使用新生水，较大幅度地节省了工业用水。新加坡再生水绝大部分供应给工业、商业、服务业、环境美化，同时有很小部分与天然水混合后送往自来水厂，经进一步处理后达到饮用水标准，间接作为饮用水供应。

新加坡政府鼓励用户使用再生水，先后对再生水价进行了三次调整：2005年年初把再生水售价从每立方米1.30新加坡元调低到1.15新加坡元，之后再次下调为1.0新加坡元。

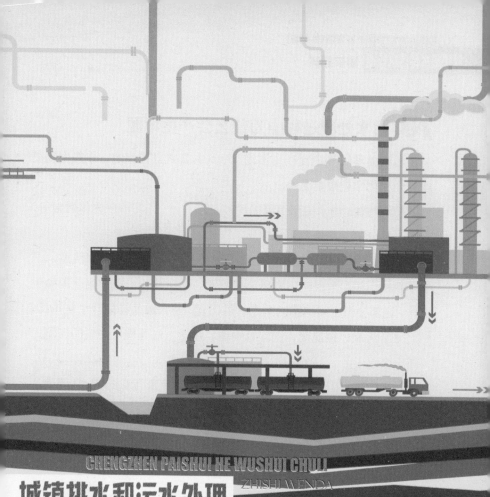

CHENGZHEN PAISHUI HE WUSHUI CHULI
ZHISHI WENDA

城镇排水和污水处理 知识问答 ▪

第五部分
污泥处理与处置

75. 污水处理过程中为什么会产生污泥？

污水处理过程中会产生污泥，污泥主要来自初沉池、二级生物处理单元和化学处理单元等。

初沉污泥：污水中可沉降的污泥包括泥沙、未降解的固体颗粒等，它们大部分由一级处理系统排出。

剩余活性污泥：在生物处理过程中由于微生物的新陈代谢，产生了新的污泥，为保持生物体总量平衡，必须排出一部分老化的微生物体，这部分微生物体称为剩余活性污泥，由二级生物处理系统排出。

化学污泥：经混凝、沉淀等物理、化学方法处理后产生的污泥。

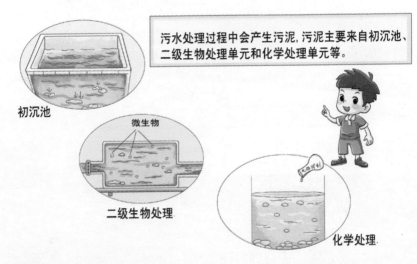

污水处理过程中会产生污泥，污泥主要来自初沉池、二级生物处理单元和化学处理单元等。

初沉池

微生物

二级生物处理

化学处理

76. 处理每万吨污水通常会产生多少污泥？

根据污水处理厂地域和进水污染物浓度不同，处理每万吨城镇污水通常会产生 5～10 t 脱水泥饼（含水率80%）或 1～2 t 干固体，具体产生量取决于排水体制、进水水质、污水及污泥处理工艺等因素。

77. 污泥中的主要成分有哪些？

污水处理厂污泥经过脱水后产生泥饼，其主要成分为有机物、氮、磷、钾等。

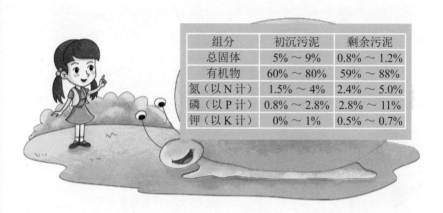

组分	初沉污泥	剩余污泥
总固体	5%～9%	0.8%～1.2%
有机物	60%～80%	59%～88%
氮（以 N 计）	1.5%～4%	2.4%～5.0%
磷（以 P 计）	0.8%～2.8%	2.8%～11%
钾（以 K 计）	0%～1%	0.5%～0.7%

当有工业废水排入污水处理厂时，污泥中还可能含有少量重金属或有害物质。

78. 未经处理的污泥有哪些危害？

污水处理厂脱水泥饼含水率一般低于 80%，未经进一步脱水处理，不能达到卫生填埋场污泥含水率（≤60%）的进场标准，不仅会占用垃圾填埋场库容，而且会堵塞垃圾渗滤液收集系统。

湿污泥未经无害化处理，运输过程中易发生遗撒，散发臭气和异味，影响市容环境，传播疾病，危害公共卫生安全。

当污泥无序露天堆放时，污染物还会随水流入水体，造成土壤和水体二次污染。

湿污泥未经无害化处理，运输过程中易发生遗撒，散发臭气和异味，影响市容环境，传播疾病，危害公共卫生安全。

病菌

79. 为什么说污泥也是一种资源？

城镇污水处理厂的污泥通过适当处理可以土地利用，还可以制砖、沼气利用、制取活性炭等，变废为宝，转化为可被人类利用的资源。

制砖

沼气池

沼气利用

活性炭包

制取活性炭

城镇污水处理厂的污泥中含有大量的矿质元素、营养元素和一些植物生长所需要的营养物质，通过适当处理可以土地利用，还可以制砖、沼气利用、制取活性炭等，变废为宝，转化为可被人类利用的资源。当前，污泥处理处置技术不断发展，污泥资源化已成为必然的发展方向。

80. 污泥处理处置的"四化"原则是什么？

减量化：通过脱水等技术手段减少污泥的重量和体积。

稳定化：通过生物、化学及物理方法降解污泥中容易腐蚀的有机物质。

无害化：通过处理使污泥不对环境造成二次污染，不对人体健康产生危害。

资源化：通过技术措施回收污泥中具有使用价值的物质和资源。

81. 污泥是如何进行浓缩处理的？

污泥浓缩是减容的主要方法，通常采用重力浓缩法和气浮浓缩法。

重力法是利用重力将污泥中的固体与水分离，降低其含水率，污泥含水率可从99%降至96%。

气浮法是利用在一定的温度下，空气在液体中的溶解度与空气受到的压力成正比，即服从亨利定律。当压力恢复到常压后，所溶空气即变成微细气泡从液体中释放出来。大量微细气泡附着在污泥颗粒的周围，可使颗粒比重减少而被强制上浮，达到浓缩的目的。

大量微细气泡附着在污泥颗粒的周围，可使颗粒比重减少而被强制上浮，达到浓缩的目的。

污泥颗粒

82. 污泥为什么要进行消化处理？

污泥消化的目的是使污泥中的有机物质稳定化、减少污泥体积、降低病原体数量，可分为厌氧消化和好氧消化。

污泥厌氧消化是利用微生物在无氧条件下的代谢作用，使污泥中的有机物质分解为甲烷、二氧化碳和水等。主要作用是使污泥达到不易腐烂的稳定状态，以利于对污泥进一步处理和利用，同时产生的气体（俗称沼气）经适当脱硫等处理净化后，是一种清洁燃料。通过厌氧消化有机物可降解40%。但厌氧消化运行管理要求高，消化池需要密闭、池容大、池数多。

污泥好氧消化，是对污泥进行较长时间的曝气，使污泥中微生物处于内源呼吸阶段进行自身氧化。

83. 污泥为什么要进行脱水处理？

污泥脱水是将浓缩或消化后的污泥进一步脱除水分，转化为半固态泥块的一种污泥处理过程，主要有压滤和离心机等机械方法。污泥脱水减少的是间隙水和表层吸附水，其目的是进一步减小体积，将污泥含水率从95%～97%控制到60%～80%，便于外运、处置和利用，减少污染。

84. 什么是污泥的干化处理？

污泥干化是将脱水后的污泥进一步降低含水率的工艺过程，主要有自然干化、化学干化、电干化、热干化等方式，通常含水率控制在40%～60%。污泥干化会大幅减少污泥含水量，目的是便于后续污泥的处理处置和利用。

85. 什么是污泥的堆肥处理？

污泥堆肥通常采用好氧静态发酵工艺，是指在人为控制条件下供氧，通过微生物的生化作用，将脱水污泥中的有机物分解、腐熟并转变成稳定腐殖土的过程。在堆肥过程中，由于持续的高温，几乎可将污泥中病原菌和寄生虫卵全部杀灭，且提高了可被植物利用的营养成分，可作为土壤改良剂和有机肥料。

厌氧堆肥由于发酵周期长、产生臭味多，目前较少采用。

在堆肥过程中，几乎可将污泥中病原菌和寄生虫卵全部杀灭

86. 什么是污泥的卫生填埋？

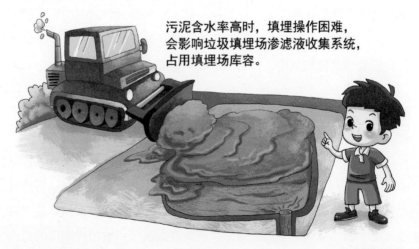

污泥含水率高时，填埋操作困难，会影响垃圾填埋场渗滤液收集系统，占用填埋场库容。

卫生填埋是将污泥脱水至含水率小于60%，进入垃圾填埋场与垃圾混合填埋处置的一种方法。

目前卫生填埋是我国应用较多的污泥处置方式，具有投资少、操作简单、易处理等特点。但污泥含水率高时，填埋操作困难，并占用填埋场库容。

87. 什么是污泥的干化焚烧？

污泥的干化焚烧是将脱水污泥干化后进行焚烧。焚烧对污泥的处理较为彻底，二次污染得到一定程度的控制。但污泥焚烧一次性投资大、系统构成复杂，为了控制尾气中的二噁英，燃烧温度要求高，烟气要进行特殊处理，焚烧飞灰也需按照危险废物处置，运行管理要求严格，处理处置费用高。

88. 污泥可以土地利用吗？

森林利用

污泥中含有机物、氮、磷、钾等有益成分，经过无害化、稳定化处理后，可用做土壤改良剂或肥料，更适用于林地的土壤修复和生态工程建设。

肥　肥料

农业利用

园艺利用

土地改良

　　污泥中含有机物、氮、磷、钾等有益成分，经过无害化、稳定化处理后，可用作土壤改良剂或肥料，更适用于林地的土壤修复和生态工程建设。土地利用的主要形式有农业利用、森林利用、园艺利用和土地改良等。

　　但是未经稳定化、无害化处理的污泥施用于土壤，可能造成土壤以及水体的二次污染。因此，污泥的土地利用应依据国家的有关规定和标准，科学管理、规范实施。

89. 污泥处理处置的其他方式方法有哪些？

水泥　　陶粒

　　污泥除厌氧消化、堆肥、干化、焚烧、填埋和土地利用之外，还可用于烧制水泥和陶粒（工程应用阶段）。当前，国内外科学家对于污泥制活性炭、制吸附剂、用作黏结剂、污泥油化、降解氯代化合物等都有一定的研究，但尚处于探索阶段，尚未得到大规模商业应用。

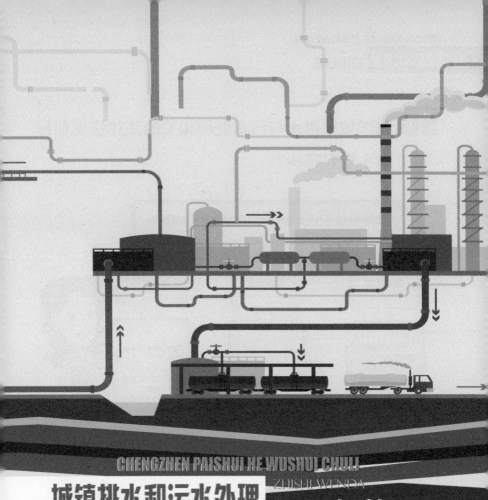

CHENGZHEN PAISHUI HE WUSHUI CHULI
ZHISHI WENDA

城镇排水和污水处理 知识问答 ▪

第六部分
法规与标准

90. 我国城镇排水与污水处理相关的法律法规和标准主要有哪些？

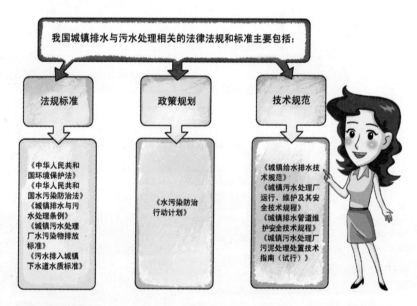

我国城镇排水与污水处理相关的法律法规和标准主要包括：

（1）法规标准：《中华人民共和国环境保护法》《中华人民共和国水污染防治法》《城镇排水与污水处理条例》《城镇污水处理厂水污染物排放标准》（GB 18918）、《污水排入城镇下水道水质标准》（CJ 343）等。

（2）政策规划：《水污染防治行动计划》。

（3）技术规范：《城镇给水排水技术规范》（GB 50788）、《城镇污水处理厂运行、维护及其安全技术规程》（CJJ 60）、《城镇排水管道维护安全技术规程》（CJJ 6）、《城镇污水处理厂污泥处理处置技术指南（试行）》等。

91. 《中华人民共和国水污染防治法》对城镇水污染防治有哪些规定？

一是城镇污水应当集中处理。县级以上地方人民政府应当通过财政预算和其他渠道筹集资金，统筹安排建设城镇污水集中处理设施及配套管网，提高本行政区域城镇污水的收集率和处理率。国务院建设主管部门应组织编制全国城镇污水处理设施建设规划，县级以上地方人民政府组织编制本行政区域的城镇污水处理设施建设规划。县级以上地方人民政府建设主管部门应组织建设城镇污水集中处理设施及配套管网，并加强对城镇污水集中处理设施运营的监督管理。城镇污水集中处理设施的运营单位应保证污水集中处理设施的正常运行。

二是向城镇污水集中处理设施排放水污染物，应当符合国家或者地方规定的水污染物排放标准。城镇污水集中处理设施的运营单位，应当对城镇污水集中处理设施的出水水质负责。环境保护主管部门应当对城镇污水集中处理设施的出水水质和水量进行监督检查。

92. 《城镇排水与污水处理条例》的主要内容是什么？

《城镇排水与污水处理条例》（以下简称《条例》）对加强城镇排水与污水处理的管理、保障城镇排水与污水处理设施安全运行、防治城镇水污染和内涝灾害、保障公民生命、财产安全和公共安全、保护水环境等具有重要意义。

《条例》分总则、规划与建设、排水、污水处理、设施维护与保护、法律责任、附则共 7 章 59 条。《条例》在确保政府投入和吸引社会资金、防治内涝灾害频发、城镇排水与污水处理设施的建设、加强井盖等设施的维护与保护、加强雨水和污水排放行为的管理、保证污泥安全处理处置、促进污水再生利用等方面都做了详细规定。

93.《城镇排水与污水处理条例》对加强雨水和污水排放行为管理的主要内容有哪些？

对雨水和污水排放行为加强管理，是确保排水通畅、设施安全和城镇公共安全的重要保障，也是确保城镇污水达标排放、防治水环境污染的重要手段，《城镇排水与污水处理条例》对此做了两方面的规定：一是加强雨水排放管理。地方政府应当建立排水设施地理信息系统，排水部门按照城镇内涝防治专项规划要求，确定雨水收集利用设施建设标准，确保雨水排放畅通；雨污分流地区不得将污水排入雨水管网。二是加强污水排放管理。城镇排水设施覆盖范围内的排水单位和个人，应当按照国家有关规定将污水排入城镇排水设施。从事工业、建筑、餐饮、医疗等活动的企事业单位和个体工商户排放的污水应当进行预处理，符合有关要求，排水监测机构对其排放污水的水质和水量进行监测。同时，对违法排放行为，条例还规定了相应的法律责任。

94. 《城镇排水与污水处理条例》对应对内涝事故做了哪些规定？

《城镇排水与污水处理条例》针对城市内涝灾害问题，提出了一系列制度和具体措施：

一是从规划层面，要求易发生内涝的城市、镇编制城镇内涝防治专项规划，纳入本行政区域的城镇排水与污水处理规划。城镇内涝防治专项规划的编制，应当根据城镇人口与规模、降雨规律、暴雨内涝风险等因素，合理确定内涝防治目标和要求，充分利用自然生态，提高雨水滞渗、调蓄和排放能力。

二是规定市政基础设施工程应当配套建设雨水收集利用设施，增加绿地、可渗透路面等对雨水的滞渗能力；新区建设与旧城区改建，应当按照雨水径流控制要求建设相关设施。

三是规定地方政府组织有关部门、单位编制应急预案，建立内涝防治预警、会商、联动机制，统筹安排排涝物资，加强易涝点治理，共同做好内涝防治工作；加强设施建设和改造，发挥河道行洪能力，采取清淤疏浚措施，确保排水畅通；在汛期，防汛指挥机构要加强对易涝点的巡查，及时排除险情。

这些措施表明，科学合理的规划是城镇排水与污水处理设施建设的重要保障。只有很好地发挥引领和控制作用，严格遵循"先规划后建设"的原则，才能保证设施建设契合实际、针对性强、高效运行。

城镇内涝防治专项规划的编制，应当根据城镇人口与规模、降雨规律、暴雨内涝风险等因素，合理确定内涝防治目标和要求，充分利用自然生态，提高雨水滞渗、调蓄和排放能力。

城镇人口与规模

城镇内涝防治
专项规划

降雨规律

暴雨内涝风险

95. 《城镇排水与污水处理条例》对促进污水处理与再生利用做了哪些规定？

国家鼓励城镇污水处理再生利用，工业生产、城市绿化、道路清扫、车辆冲洗、建筑施工以及生态景观等应当优先使用再生水。

县级以上地方人民政府应当根据当地水资源和水环境状况，合理确定再生水利用的规模，制定促进再生水利用的保障措施。

再生水纳入水资源统一配置，县级以上地方人民政府水行政主管部门应当依法加强指导。

96. 《城镇排水与污水处理条例》对污泥处理处置做了哪些规定？

城镇污水处理设施维护运营单位或者污泥处理处置单位应当安全处理处置污泥，保证处理处置后的污泥符合国家有关标准，对产生的污泥以及处理处置后的污泥去向、用途、用量等进行跟踪、记录，并向城镇排水主管部门、环境保护主管部门报告。任何单位和个人不得擅自倾倒、堆放、丢弃、遗撒污泥。

同时，对违法处理处置污泥的行为，《城镇排水与污水处理条例》还规定：擅自倾倒、堆放、丢弃、遗撒污泥的，由城镇排水主管部门责令停止违法行为，限期采取治理措施，给予警告；造成严重后果的，对单位处以罚款；逾期不采取治理措施的，城镇排水主管部门可以指定有治理能力的单位代为治理，所需费用由当事人承担；造成损失的，依法承担赔偿责任等相应的法律责任。

97. 《城镇排水与污水处理条例》对城镇排水设施的保护范围是如何规定的？

《城镇排水与污水处理条例》规定，城镇排水主管部门应当会同有关部门，按照国家有关规定划定城镇排水与污水处理设施保护范围，并向社会公布。在保护范围内，有关单位从事爆破、钻探、打桩、顶进、挖掘、取土等可能影响城镇排水与污水处理设施安全的活动的，应当与设施维护运营单位等共同制定设施保护方案，并采取相应的安全防护措施。

在保护范围内，有关单位从事爆破、钻探、打桩、顶进、挖掘、取土等可能影响城镇排水与污水处理设施安全的活动的，应当与设施维护运营单位等共同制定设施保护方案，并采取相应的安全防护措施。

98. 《水污染防治行动计划》的主要内容是什么？

《水污染防治行动计划》简称"水十条"，对水环境保护和治理的原则、目标及任务提出了具体要求，主要目标是加快改善水环境质量、保障水环境安全、维护水生态系统健康。"水十条"的落实，坚持地表、地下、陆地与海洋污染同治，市场与行政、经济与技术手段齐发力，节水与净水、水质与水务指标共同考核，力求通过实行最严格的源头保护制度、损害赔偿制度和责任追究制度，保护和修复水生态环境。其中对城镇污水处理配套管网建设提出以下要求：

一是加快城镇污水处理设施建设与改造。现有城镇污水处理设施，要因地制宜进行改造，2020 年年底达到相应排放标准或再生利用要求。敏感区域（重点湖泊、重点水库、近岸海域汇水区域）城镇水处理设施应于 2017 年年底全面达到一级 A 排放标准。建成区水体水质达不到地表水Ⅳ类标准的城市，新建成城镇污水处理设施要执行一级 A 排放标准。按照国家新型城镇化规划要求，到 2020 年全国所有县城和重点镇具备污水处理能力，县城、城市污水处理率分别达到 85%、95% 左右。京津冀、长三角、珠三角等区域提前一年完成。

到2020年，全国所有县城和重点镇具备污水收集处理能力，县城、城市污水处理率分别达到85%、95%左右。京津冀、长三角、珠三角等区域提前一年完成。

北京
天津
河北

长三角

珠三角

京津冀

二是全面加强配套管网建设。强化城中村、老旧城区和城乡结合部污水截流、收集。现有合流制排水系统应加快实施雨污分流改造，验证难以改造的，应采取截流、调蓄和治理等措施。新建污水处理设施的配套管网应同步设计、同步建设、同步投运。除干旱地区外，城镇新区建设均实行雨污分流，有条件的地区要推进初期雨水收集、处理和资源化利用。到 2017 年，直辖市、省会城市、计划单列市建成区污水基本实现全收集、全处理，其他地级城市建成区于 2020 年年底前基本实现。

99. 《污水排入城镇下水道水质标准》的主要内容有哪些？

《污水排入城镇下水道水质标准》（CJ 343）是对《污水排入城市下水道水质标准》（CJ 3082）的修订，包括 46 个控制指标，主要有水温、色度、pH、BOD_5、COD、悬浮物、氨氮、总氮、总余氯、总磷、易沉固体、动植物油、石油类等。该标准规定了排入城镇下水道污水的水质要求、取样与监测，适用于向城镇下水道排放污水的排水户的排水水质。

《污水排入城镇下水道水质标准》中规定：严禁向城镇下水道排入具有腐蚀性的污水或物质；严禁向城镇下水道排入剧毒、易燃、易爆、恶臭物质和有害气体、蒸汽或烟雾；严禁向城镇下水道倾倒垃圾、粪便、积雪、工业废渣等物质和排入易凝聚、沉积、造成下水道堵塞的污水。

100. 现行《城镇污水处理厂污染物排放标准》的主要内容有哪些？

现行《城镇污水处理厂污染物排放标准》（GB 18918）发布于 2002 年，规定了城镇污水处理厂出水、废气排放和污泥处置（控制）的污染物限值，将污染物控制项目分为基本控制项目和选择控制项目两类。其中，基本控制项目必须执行，主要包括影响水环境和城镇污水处理厂一般处理工艺可以去除的常规污染物，以及部分一类污染物，共 19 项；选择控制项目包括对环境有较长期影响或毒性较大的污染物，共计 43 项。

当污水处理厂出水引入稀释能力较小的河湖作为城镇景观用水和一般回用水等用途时，执行一级标准的A标准。

根据城镇污水处理厂排入地表水域环境功能和保护目标，以及污水处理厂的处理工艺，将基本控制项目的常规污染物标准值分为一级标准、二级标准、三级标准。一级标准分为 A 标准和 B 标准。一级标准的 A 标准是城镇污水处理厂出水作为回用水的基本要求。当污水处理厂出水引入稀释能力较小的河湖作为城镇景观用水和一般回用水等用途时，执行一级标准的 A 标准。城镇污水处理厂出水排入 GB 3838 地表水Ⅲ类功能水域（划定的饮用水水源保护区和游泳区除外）、GB 3097 海水二类功能水域和湖、库等封闭或半封闭水域时，执行一级标准的 B 标准（目前，GB 3097 正在修订中）。

101. 向排水管网排入污水和雨水需要执行许可制度吗？

依据《城镇排水与污水处理条例》规定，从事工业、建筑、餐饮、医疗等活动的企事业单位、个体工商户（简称排水户）向城镇排水设施排放污水的，应当向城镇排水主管部门申请领取污水排入排水管网许可证。建立排水许可制度，其目的是规范污水排放管理，保障城镇排水系统安全稳定运行，保障公共安全。

排水户排入城镇排水管网的污水水质应依据《污水排入城镇下水道水质标准》（GB/T 31962—2015）执行。

城镇居民向城镇排水管网排放生活污水不需要办理排水许可证，但不得私接、混接、乱排。

向排水管网排入雨水不需要执行许可制度。但是因为雨水管道都有相应的规划汇水范围和设计容量，雨水排入城镇排水管网仍需要城镇排水主管部门或其委托机构审核同意。

102. 排水许可与排污许可是一回事吗?

经城镇污水处理厂处理后的出水向自然水体排放的,应办理排污许可。

　　排水许可与排污许可不是一回事。排水许可是排水户向城镇排水管网排放污水执行的许可管理制度,排污许可主要指工业企业等产生的污废水,经处理达到污染物排放标准,不经城镇排水管网直接向自然水体排放污水执行的排污许可管理制度。经城镇污水处理厂处理后的出水向自然水体排放的,也应办理排污许可。

　　办理了排水许可证的工业等排水户,不再需要办理排污许可证。

103. 为什么要对污水处理厂实施排污许可证制度?

　　排污许可证制度是指凡是需要向环境排放各种污染物的单位或个人,都必须事先向环境保护部门办理申领排污许可证手续,经环境

保护部门批准获得排污许可证后方能向环境排放污染物的制度。我国
2007 年颁布的《排污许可证管理条例》首次将污水处理厂纳入排污
许可证的发放范围。因为，化学需氧量（COD）和氨氮（NH_3-N）的
排放是国家刚性的削减指标，而生活污染源是化学需氧量和氨氮的排
放大户，给污水处理厂发放排污许可证，就是要提高城市综合污水处
理的达标率，控制水中主要污染物的排放，为完成污染总量控制的削
减任务、有效控制水体污染提供保障。

104. 为什么地方要制定严于国家标准的地方污水排放标准？

国家标准是适用于全国范围的标准。我国幅员辽阔，人口众多，
各地区对环境质量要求也不相同，各地工业发展水平、技术水平和构
成污染的状况、类别、数量等都不相同；水体环境中稀释扩散和自净
能力也不相同。为了更好地控制和治理水环境污染，各地政府应结合
当地的地理特点、水文气象条件、经济技术水平、工业布局、人口密
度等因素，进行全面规划，综合平衡，划分区域和质量等级，提出符
合实际情况的环境质量要求，同时增加或补充国家标准中未规定的当
地主要污染物的项目及容许浓度。这样有助于结合实际治理水污染，
保护和改善水环境。

地方标准应该符合以下两点：一是国家标准中所没有规定的项
目；二是地方标准应严于国家标准，以起到补充、完善的作用。

105. 城镇污水处理厂在线监测的主要指标有哪些？

> 通过污水处理厂在线监测系统，可以获得24 h连续的在线监测数据，实现监控中心对污水处理厂的远程监控。

在线监测系统

污水处理厂

国家环保总局2005年公布的《污染源自动监控管理办法》（国环〔2005〕28号令）要求，污水处理厂应当按照规定的时限建设、安装自动监控设备及其配套设施，配合自动监控系统的联网。通过污水处理厂在线监测系统，可以获得24 h连续的在线监测数据，实现监控中心对污水处理厂的远程监控。

在线监测指标由污水处理厂所在地的环保监测部门根据污水处理厂出水达标具体要求设置，一般监测指标有进出水流量、COD、氨氮、pH，其他监测指标可包括进出水总氮、总磷和总有机碳等。在线监测指标将随着管理的逐渐加严而逐渐增加。

106. 我国污泥处理处置的主要国家标准和政策有哪些？

我国污泥处理处置的主要国家标准和政策

《城镇污水处理厂污泥处置　分类》（GB/T 23484）

《城镇污水处理厂污泥处置　混合填埋用泥质》（GB/T 23485）

《城镇污水处理厂污泥处置　园林绿化用泥质》（GB/T 23486）

《城镇污水处理厂污泥泥质》（GB 24188）

《城镇污水处理厂污泥处置　土地改良用泥质》（GB/T 24600）

《城镇污水处理厂污泥处置　单独焚烧用泥质》（GB/T 24602）

《城镇污水处理厂污泥处置　制砖用泥质》（GB/T 25031）

《城镇污水处理厂污泥处理技术规程》（CJJ 131）

《城镇污水处理厂污泥处理处置及污染防治技术政策（试行）》
（住建部、环境保护部、科技部，2009年）

《城镇污水处理厂污泥处理处置污染防治最佳可行技术指南》
（环境保护部，2010年）

《城镇污水处理厂污泥处理处置技术指南》（住建部，2011年）

我国污泥处理处置的主要国家标准和政策有：

《城镇污水处理厂污泥处置　分类》（GB/T 23484）

《城镇污水处理厂污泥处置　混合填埋用泥质》（GB/T 23485）

《城镇污水处理厂污泥处置　园林绿化用泥质》（GB/T 23486）

《城镇污水处理厂污泥泥质》（GB 24188）

《城镇污水处理厂污泥处置　土地改良用泥质》（GB/T 24600）

《城镇污水处理厂污泥处置　单独焚烧用泥质》（GB/T 24602）

《城镇污水处理厂污泥处置　制砖用泥质》（GB/T 25031）

《城镇污水处理厂污泥处理技术规程》（CJJ 131）

《城镇污水处理厂污泥处理处置及污染防治技术政策（试行）》
（住建部、环境保护部、科技部，2009 年）

《城镇污水处理厂污泥处理处置污染防治最佳可行技术指南》（环境保护部，2010 年）

《城镇污水处理厂污泥处理处置技术指南》（住建部，2011 年）

107. 我国城镇污水处理厂污泥农用泥质标准有哪些？

1984 年，城乡建设环境保护部颁布了《农用污泥中污染物控制标准》（GB 4284—84），限定污泥施用的期限为 20 年，干基污泥施用量为每年 2 000 kg/ 亩（30 t/hm^2）。

2009 年，住建部颁布了《城镇污水处理厂污泥处置 农用泥质》（CJ/T 309—2009），将污泥分为 A、B 两级，分别对应食物链和非食物链，规定年累积施用量 7.5 t/hm^2，最高连续施用 10 年。相比1984 年标准更为严格。

108. 我国城镇污水再生利用的主要水质标准有哪些？

我国城镇污水再生利用的主要水质标准有：

《城市污水再生利用　分类》（GB/T 18919）

《城市污水再生利用　城市杂用水水质》（GB/T 18920）

《城市污水再生利用　景观环境用水水质》（GB/T 18921）

《城市污水再生利用　地下水回灌水质》（GB/T 19772）

《城市污水再生利用　工业用水水质》（GB/T 19923）

《城市污水再生利用　农田灌溉用水水质》（GB 20922）

我国城镇污水再生利用的主要水质标准

《城市污水再生利用 分类》（GB/T 18919）

《城市污水再生利用 城市杂用水水质》（GB/T 18920）

《城市污水再生利用 景观环境用水水质》（GB/T 18921）

《城市污水再生利用 地下水回灌水质》（GB/T 19772）

《城市污水再生利用 工业用水水质》（GB/T 19923）

《城市污水再生利用 农田灌溉用水水质》（GB 20922）

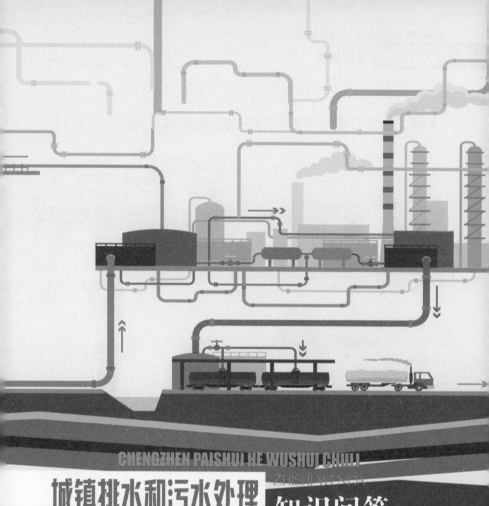

CHENGZHEN PAISHUI HE WUSHUI CHULI
ZHISHI WENDA

城镇排水和污水处理 知识问答 ■

第七部分
公众参与

109. 日常生活中哪些行为会影响排水设施的正常运行？

向雨水口和雨水箅子内倾倒建筑垃圾、塑料袋、一次性筷子、竹签、卫生巾等固体垃圾，极易造成管道堵塞。雨季易导致路面积水，影响通行甚至引发内涝灾害。

（1）向雨水口倾倒生活污水会污染河道。

（2）向雨水口和雨水箅子内倾倒建筑垃圾、塑料袋、一次性筷子、竹签、卫生巾等固体垃圾，极易造成管道堵塞。雨季易导致路面积水，影响通行甚至引发内涝灾害。

（3）向下水道倾倒消毒剂、染发剂、废酸等化学制剂，会造成管道腐蚀。

（4）向下水道倾倒施工泥浆和装修垃圾，特别是油漆、涂料等，会造成排水管道堵塞和坏损及爆炸。

（5）向下水道倾倒各种油脂特别是动物油，油脂容易板结堵塞下水道。

（6）使用含磷洗衣粉，污水进入水体会造成污染，进入污水处理厂会影响安全达标运行。

（7）其他偷盗、损毁、占压排水设施等不良行为，均会影响排水设施正常运行和功能发挥。

110. 发现排水设施损毁等现象应该怎么办？

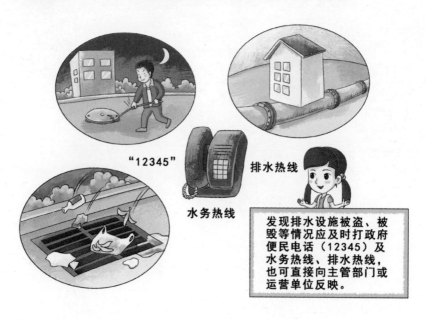

"12345"

排水热线

水务热线

发现排水设施被盗、被毁等情况应及时打政府便民电话（12345）及水务热线、排水热线，也可直接向主管部门或运营单位反映。

保护排水设施是公民的责任和义务，也是保障自身安全的需要。偷盗或损毁排水井盖和雨水箅子、占压井口或管道、向排水管道乱扔垃圾等行为，都会对排水设施功能正常发挥和市民出行安全等造成严重影响。对此类不良行为和不法活动，广大市民要坚决抵制。发现排水设施被盗、被毁等情况应及时打政府便民电话（"12345"）及水务热线、排水热线，也可直接向主管部门或运营单位反映。

111. 暴雨期间城镇居民出行应注意什么?

(2)暴雨伴随雷电时应及时关闭手机,扔掉带金属雨伞,不倚靠路灯杆、信号杆、树干、高压线和变压器,以防遭雷击。

(1)暴雨天气,市民应尽量减少出行。

(3)行走要远离检查井口。

(4)严禁私自打开井盖和雨水算子等设施。

(5)下凹立交桥积水超过警戒线时,严禁驾车通行。

(1)暴雨天气,市民应尽量减少出行。一旦遇到暴雨,若受阻或所处地段危险,应尽可能联络家人,告知你的具体位置,以方便救援。

(2)暴雨伴随雷电时应及时关闭手机,扔掉带金属杆的雨伞,不倚靠路灯杆、信号杆、树干、高压线和变压器,以防遭雷击。

(3)行走要远离检查井口。暴雨来临前选择地势较高安全的位置避雨,并停留至暴雨结束为止。

(4)严禁私自打开井盖和雨水算子等设施,避免给他人造成伤害；如果路面水满，要站立在安全处切勿贸然涉水，以防遇到被掀起井盖的井口而跌落造成伤害。

（5）下凹立交桥积水超过警戒线时，严禁驾车通行。

（6）留意外界动向，警惕泥石流等灾害，并远离不牢固围墙、广告牌等，以防砸伤等事故。

112. 城镇排水管网占道维护作业中，公众应如何配合？

排水设施进行养护和维修，需要占道施工时，主管部门一般会选择夜间或不影响正常生活秩序的施工方案。但有时也会出现白天占路抢修的情况，可能会给公众出行带来不便，或产生噪声、异味等不利影响。对此，需要公众给予理解，选择绕道出行等方式配合相关作业。

113. 为什么不能私接和混接排水管道？

混接是指将雨水排入污水管道或者污水排入雨水管道的行为。混接会造成管道中产生有毒有害气体，影响公共卫生和公众安全。

私接和混接排水管道是违法的、不道德的行为。

排水管的大小和走向都是经过科学设计的，而且每一个接口都是经过专业封闭的。私接管道带有很大的盲目性，接口也没有进行封闭，很容易出现下水井排量超负荷造成污水冒井的现象，会严重影响居民的生活和出行，还会对管道及附属构筑物造成结构安全隐患；混接是指将雨水排入污水管道或者污水排入雨水管道的行为。混接会造成管道中产生有毒有害气体，影响公共卫生和公众安全，造成水体污染，甚至引发疫情。因此，公民应自觉不私接、乱接和混接排水管道。

114. 为什么不能占压排水设施？

地面检查井口、雨水口等排水设施一旦被社会车辆、临时建筑、材料堆放等占压，会影响其正常运行和维护，甚至导致设施损坏。遇有紧急情况，还会影响及时的抢修和维护，造成污水冒溢、内涝和爆炸等严重后果。所以，公民应自觉禁止任何占压、围堵地面排水设施的行为。

地面检查井口、雨水口等排水设施一旦被社会车辆、临时建筑、材料堆放等占压，会影响其正常运行和维护，甚至导致设施损坏。

115. 为什么不能将粪便等直接倒入排水设施？

粪便中含有大量有机物，在微生物的作用下易发酵产生沼气，遇到明火会发生爆炸，影响公共安全。同时，粪便直接倒入检查井、雨水口等排水设施，也会造成管道堵塞和水体污染。所以要杜绝向排水设施直接倾倒粪便等不良行为。

116. 为什么燃放烟花爆竹需要远离排水检查井？

城镇排水管网的检查井是与排水管道连通的。污水长期滞留在管道内，会发酵产生甲烷气体（沼气），一旦遇到烟花爆竹等明火就会引起爆炸，造成人身伤害和财产损失。因此，公众燃放烟花爆竹时要谨记远离排水检查井，更禁止将爆竹插在井盖孔上或掀开井盖燃放。

污水长期滞留在管道内，会发酵产生甲烷气体（沼气），一旦遇到烟花爆竹等明火就会引起爆炸，造成人身伤害和财产损失。

117. 井盖和雨水篦子丢失会造成什么危害？

雨（污）水井盖和雨水篦子等是城镇排水设施的重要组成部分，一旦被偷盗、损毁或挪移，不但影响排水设施功能正常，还会造成"马路陷阱"，给行人和车辆造成巨大安全隐患。因此，发现其丢失或损毁时，公民可拨打排水服务热线告知有关部门及时处理，避免损失和造成人身伤害。

雨（污）水井盖和雨水篦子等是城镇排水设施的重要组成部分，一旦被偷盗、损毁或挪移，不但影响排水设施功能正常，还会造成"马路陷阱"，给行人和车辆造成巨大安全隐患。

118. 为什么餐饮企业的排水系统须设置隔油池和格栅？

餐饮企业排水中含有大量的动植物油脂，低温时冷凝挂壁易堵塞管道，高温时易产生恶臭，腐蚀管道；含油污水随管道进入污水处理厂不利于水厂的稳定运行，进入水体会造成污染，影响鱼类生存。因此，餐饮企业的排水需采取设置隔油池和格栅等措施，处理达标后，方可排入城镇排水管网。

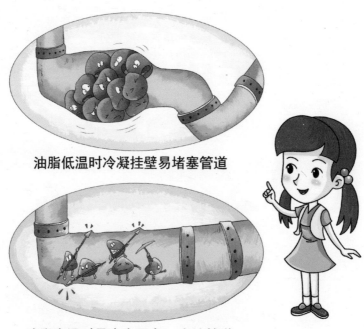

油脂低温时冷凝挂壁易堵塞管道

油脂高温时易产生恶臭，腐蚀管道

119. 公众使用再生水时应注意哪些问题？

（1）目前我国进入家庭冲厕或市政杂用的再生水不是饮用水，不能直接或间接饮用。

（2）必须使用专门再生水管道，不得私自改动与其他管道连接，以免再生水和自来水等管道连通，危害用户健康。

（3）用户发现再生水有异味、颜色异常等情况时，要立即停止使用并及时报告，确定水质安全后再使用。

我国进入家庭冲厕或市政杂用的再生水不是饮用水。

必须使用专门管道，不得私自改动管道。

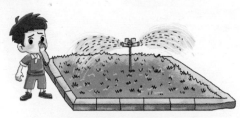

发现再生水有异味异常等情况，要立即停止使用并及时报告。

120. 怎样区别再生水管道与自来水管道？

我国对于再生水管道的标识有明确规定。根据《工业管道的基本识别色、识别符号和安全标识》（GB 7231）规定：再生水管道上贴有黄色（淡黄色、中黄色）标识，注明管道内为再生水。在管道上以宽为 150 mm 的色环标识，两个标识之间最小距离应为 10 m，其标识的场所应该包括所有管道的起点、终点、交叉点、转弯处、阀门和穿墙孔两侧等的管道上和其他需要标识的部位。识别符号由物质名称、流向和主要工艺参数等组成。

再生水管道上贴有黄色（淡黄色、中黄色）标识，注明管道内为再生水。

121. 再生水井盖有专门标识吗？

再生水井盖像其他市政井盖设施一样，都有显著标志，一般是在井盖上标注"中水"或"再生水"字样。

再生水井盖像其他市政井盖设施一样，都有显著标识，一般是在井盖上标注"中水"或"再生水"字样。

122. 再生水加水机的标识是什么样的？

目前我国城镇设立的再生水加水机，正面有"中水加水机"或"再生水加水机"字样。

目前我国城镇设立的再生水加水机，正面有"中水加水机"或"再生水加水机"字样。

123. 为什么要交纳污水处理费和再生水费？

污水处理费是水费的重要组成部分，属行政事业性收费，一般在收取自来水费时同时代收。

《中华人民共和国水污染防治法》第四十四条规定，"城镇污水应当集中处理。"

"……设施的运营单位按照国家规定向排污者提供污水处理的有偿服务，收取污水处理费用，保证污水集中处理设施的正常运行。向城镇污水集中处理设施排放污水、缴纳污水处理费用的，不再缴纳排污费。收取的污水处理费用应当用于城镇污水集中处理设施的建设和运行，不得挪作他用。"

再生水费和污水处理费性质相同，《城镇排水与污水处理条例》规定，再生水应纳入水资源统一配置。

因此，治理水污染、保护水环境、开发水资源，需要国家投入、社会支持、公民参与。缴纳污水处理费和再生水使用费既是法律规定，也是公民的责任和义务。

污水处理费是水费的重要组成部分，属行政事业性收费，一般在收取自来水费时同时代收。

水表

124. 哪些行为会危及城镇排水与污水处理设施安全？

损毁、盗窃城镇排水与
污水处理设施

穿凿、堵塞城镇排水与
污水处理设施

《城镇排水与污水处理条例》
规定，禁止从事下列危及城镇
排水与污水处理设施安全的活
动：

向城镇排水与污
水处理设施倾倒
剧毒、易燃易爆、
腐蚀性废液

向城镇排水与污水处理设
施倾倒垃圾、渣土、施
工泥浆等废弃物

建设占压城镇排水与污水处理设施的
建筑物、构筑物或者其他设施

《城镇排水与污水处理条例》第四十二条规定，禁止从事下列危及城镇排水与污水处理设施安全的活动：

（一）损毁、盗窃城镇排水与污水处理设施；

（二）穿凿、堵塞城镇排水与污水处理设施；

（三）向城镇排水与污水处理设施排放、倾倒剧毒、易燃易爆、腐蚀性废液和废渣；

（四）向城镇排水与污水处理设施倾倒垃圾、渣土、施工泥浆等废弃物；

（五）建设占压城镇排水与污水处理设施的建筑物、构筑物或者其他设施；

　　（六）其他危及城镇排水与污水处理设施安全的活动。

125. 城镇污水处理厂数量不断增长，为什么黑臭水体依然很多？

城镇排水管网建设滞后，管网收集率低，造成部分污水没有通过管网收集进入污水处理厂而是直接入河导致污染。

　　近年来，我国城镇污水处理事业快速发展，污水处理厂数量迅速增加。污水中的污染物在污水处理厂得到大量削减，达标排放进入河道的水对城镇水体改善起到了重要作用。

　　但很多水体依然黑臭，原因是多方面的。例如：城镇排水管网建设滞后，管网收集率低，造成部分污水没有通过管网收集进入污水处理厂而是直接入河导致污染；污水私接乱排，致使污水通过雨水管直接入河导致污染；初期雨水和雨污合流溢流未截蓄处理的水直接排入水体造成污染；有的河道长期得不到清淤整治，水体中大量污染物沉淀并积累在河流底泥中，致使水体污染黑臭；有些河道生态系统遭到破坏尚未得到恢复，自净能力减弱。而排入水体的污染物量又超过水体的自净能力，从而造成水体溶解氧耗尽，出现厌氧过程，导致水体黑臭等。正是因为这些问题的存在，致使很多河道虽有污水处理厂达标排放的水，仍不能恢复水体的自然修复生态功能。

2015 年，住房和城乡建设部牵头有关部委编制了《城市黑臭水体整治工作指南》，国家将进一步加强黑臭水体的综合治理，而且将全社会、全体公民的支持、参与和监督纳入综合治理的重要举措中。

126. 公众获取各地污水处理厂排放信息的渠道有哪些？

公众获取各地污水处理厂排放信息的渠道有：政府信息公开平台、运营单位网站及其电子公告屏等。

127. 公众发现污水处理厂违法排污应如何投诉举报？

发现污水处理厂违法排污时，公众可拨打政府公众服务热线（"12345"）、环保热线（"12369"）或直接向环境保护主管部门投诉举报。

拨打政府便民电话（12345）　　直接向环境保护主管部门

环保热线（12369）　　　　　　投诉举报

书号：
978-7-5111-2067-0
定价：18 元

书号：
978-7-5111-2370-1
定价：20 元

书号：
978-7-5111-2102-8
定价：20 元

书号：
978-7-5111-2637-5
定价：18 元

书号：
978-7-5111-2369-5
定价：25 元

书号：
978-7-5111-2642-9
定价：22 元

书号：
978-7-5111-2371-8
定价：24 元

书号：
978-7-5111-2857-7
定价：22 元

书号：
978-7-5111-2871-3
定价：24 元

书号：
978-7-5111-0966-8
定价：26 元

书号：
978-7-5111-2725-9
定价：24 元

书号：
978-7-5111-0702-2
定价：15 元

书号：
978-7-5111-1624-6
定价：23 元

书号：
978-7-5111-2972-7
定价：23 元

书号：
978-7-5111-1357-3
定价：20 元

书号：
978-7-5111-2973-4
定价：26 元

书号：
978-7-5111-2971-0
定价：30 元

书号：
978-7-5111-2970-3
定价：23 元

书号：
978-7-5111-3105-8
定价：20 元

书号：
978-7-5111-3210-9
定价：23 元

书号：
978-7-5111-3416-5
定价：22 元

书号：
978-7-5111-3138-6
定价：24 元